INTRODUÇÃO ÀS VIBRAÇÕES MECÂNICAS

CB009291

Blucher

JOSÉ SOTELO JR.
Doutor em Engenharia pelo Massachusetts Institute of Technology (MIT - USA)
Ex-Professor Associado da Escola Politécnica - USP

LUIS NOVAES FERREIRA FRANÇA
Doutor e Livre-Docente pela Escola Politécnica - USP
Ex-Professor Titular de "Mecânica Geral" da Escola Politécnica da USP

INTRODUÇÃO ÀS VIBRAÇÕES MECÂNICAS

Introdução às vibrações mecânicas
© 2006   José Sotelo Jr.
        Luis Novaes Ferreira França
1ª edição – 2006
5ª reimpressão – 2019
Editora Edgard Blücher Ltda.

Blucher

Rua Pedroso Alvarenga, 1245, 4º andar
04531-934 – São Paulo – SP – Brasil
Tel.: 55 11 3078-5366
contato@blucher.com.br
www.blucher.com.br

FICHA CATALOGRÁFICA

Sotelo Jr., José
    Introdução às vibrações mecânicas / José
Sotelo Jr., Luis Novaes Ferreira França. 1ª edição –
São Paulo: Blucher, 2006.

    Bibliografia.
    ISBN 978-85-212-0338-4

    1. Vibrações I. França, Luis Novaes Ferreira
França. II. Título.

É proibida a reprodução total ou parcial por quaisquer
meios sem autorização escrita da editora.

06-2463   CDD-531.32

Todos os direitos reservados pela Editora
Edgard Blücher Ltda.

Índices para catálogo sistemático:
1. Vibrações mecânicas: Física   531.32

APRESENTAÇÃO

Com certeza, durante sua vida profissional, o engenheiro irá se defrontar com fenômenos vibratórios, algumas vezes de forma localizada, outras vezes de considerável extensão e magnitude. Isso faz da disciplina Vibrações Mecânicas matéria indispensável na formação profissional do engenheiro, já que está na convergência de várias disciplinas, como Mecânica Geral, Cálculo e Álgebra Linear.

Antes, porém, de atacar e resolver problemas relacionados às vibrações mecânicas, o estudante de engenharia deve compreender o fenômeno vibratório em suas múltiplas facetas, principalmente no tocante às fontes de vibração, às trocas de energia potencial para cinética e aos mecanismos de dissipação.

É preciso reconhecer, entretanto, que a matemática exigida na solução de problemas analíticos e na compreensão mais aprofundada dos fenômenos vibratórios vai além do Cálculo ministrado nos dois primeiros anos do curso de engenharia. Sem dúvida isso traz alguma dificuldade adicional ao ensino das vibrações, mas que poderá ser amenizada pelo instrutor com umas poucas horas introdutórias à matemática de equações diferenciais e ao método das transformadas.

Este livro é fruto de muitos anos de ensino em escolas de engenharia e da prática profissional dos autores em assuntos relacionados às vibrações mecânicas. São estudados aqui os fundamentos dos fenômenos vibratórios, com muitos exemplos, constituindo ponto de partida e base para o futuro engenheiro galgar outros degraus nas vibrações. Espera-se desse modo que o presente trabalho venha a ser uma eficiente contribuição para o ensino das vibrações nas escolas de engenharia, bem como para o complemento da formação de profissionais que reconhecem a necessidade de maior aprofundamento sobre o tema.

Quanto ao aspecto prático das vibrações, ou seja, para a solução de problemas vibratórios, o profissional deve, evidentemente, ter muito clara a importância da aquisição de conhecimentos adicionais. Entre outros, podem-se mencionar os métodos numéricos com uso de computador discretizando o problema original, as técnicas de medidas e instrumentação, além de práticas de natureza tecnológica consideravelmente mais elaboradas.

Os autores gostariam de expressar seus agradecimentos aos colegas professores da Escola Politécnica da Universidade de São Paulo (USP), do passado e do presente, que muito contribuíram para a formação de gerações de engenheiros, transmitindo conhecimento e influenciando o ensino e a prática da engenharia na área aqui tratada. E também aos alunos que estudaram nos cursos relacionados ao tema central deste trabalho, pelo *feedback* que proporcionaram ao aprimoramento de exercícios, soluções e notas de aula.

José Sotelo Jr.
Luis Novaes Ferreira França

CONTEÚDO

CAPÍTULO 1

INTRODUÇÃO

1.1 INTRODUÇÃO A ASPECTOS IMPORTANTES DA VIBRAÇÃO E SUAS APLICAÇÕES

As vibrações de natureza mecânica são fenômenos importantes do mundo físico, e suas manifestações ocorrem com freqüência no universo que nos circunda, liberando muitas vezes grandes quantidades de energia, como ocorre nos tremores de terra na crosta terrestre. Fenômenos vibratórios na natureza são, portanto, anteriores à existência do homem. Entretanto, é no cotidiano do mundo moderno que deparamos mais freqüentemente com inúmeros fenômenos físicos associados a *vibrações mecânicas* e suas manifestações. Assim, em aparelhos de uso doméstico, como o aparelho elétrico de barbear, o aspirador de pó, o secador de cabelo, a máquina de lavar roupa, etc., podemos vivenciar a sensação induzida pelo movimento mecânico de *alta freqüência* e de *pequena amplitude* de deslocamento, desagradável em geral, associado a *ruído sonoro* e que conduz à fadiga física após certo tempo de exposição.

No automóvel ou outros *veículos de transporte urbano* sentimos, de modo semelhante, o efeito dos movimentos e acelerações induzidos em nosso corpo, causado pelas irregularidades (ondulações, cavidades ou protuberâncias) nas vias de tráfego. Na *indústria*, as máquinas de produção de bens, em geral compostas por inúmeros eixos e cilindros girando com rotação elevada, induzem movimentos vibratórios no piso das fábricas, as quais se transmitem ao corpo dos trabalhadores e às máquinas vizinhas, além de gerarem intenso ruído, que se torna insuportável se a exposição for longa.

Considerável volume de recursos é despendido anualmente no aprimoramento de aparelhos de consumo e serviços e em máquinas de produção de modo a reduzir esses efeitos desagradáveis que costumamos chamar simplesmente de "vibração".

Na fase de projeto, procura-se antecipar problemas que possam causar desconforto ou falha prematura de equipamentos e máquinas, através de análise de vibração, eliminando possíveis fontes de vibração. Alguns componentes são utilizados como isoladores de vibração, principalmente materiais elastoméricos, com propriedades de amortecimento e rigidez adequados para determinadas aplicações. Mais recentemente, técnicas avançadas de isoladores ativos com o uso de sistemas de controles munidos de sensores e atuadores vêm crescendo em importância, com o objetivo de diminuir vibrações em sistemas em que isoladores convencionais são pouco efetivos.

Além dos problemas que afetam o *conforto* e a *saúde*, a vibração promove o desgaste prematuro de superfícies em contato, como é o caso de mancais, onde se apóiam eixos e outros elementos girantes. Em situações mais drásticas, a vibração pode levar a uma ruptura prematura de elementos de fixação e apoio de máquinas, causando graves danos materiais e humanos. Além de falhas simples por ruptura, causadas por cargas dinâmicas elevadas, podem ocorrer falhas em componentes mecânicos em conseqüência de *fadiga de material* associada a cargas dinâmicas moderadas, mas repetitivas, cíclicas e acumuladas, que tendem a reduzir a vida útil dos elementos de máquinas. A ruptura por fadiga está, portanto, associada a fenômenos de vibração mecânica. Se não for possível eliminar totalmente a vibração nesses casos, deve-se ao menos tentar mantê-la sob controle e, com auxílio de planejamento e programação de manutenção apropriados, antecipar a substituição de componentes mecânicos antes que as avarias ocorram.

Assim, a compreensão dos *fenômenos vibratórios*, associada à utilização de ferramentas de medidas e instrumentação e à análise por computador, pode ajudar a melhorar o projeto e a operação de máquinas, veículos e aparelhos de uso geral sob o ponto de vista da vibração e do ruído.

A *manutenção preditiva* é outra área importante de aplicação dos conhecimentos de vibração em grande expansão nas indústrias modernas, em veículos e manutenção de equipamentos, que utiliza a análise de vibração e de sinais medidos (sua *assinatura mecânica*) para inferir sobre a necessidade e o momento mais apropriado para troca de componentes, procurando antecipar falhas inesperadas ou gerar *diagnóstico sobre o estado ou a saúde mecânica da máquina.*

Nem sempre, contudo, a vibração é em si indesejável. Na natureza estamos cercados de manifestações importantes de vibração mecânica, e sem ela a vida seria diferente do modo como a conhecemos. Sem vibração mecânica, por exemplo, a comunicação humana pela voz seria impossível, já que o efeito sonoro da fala depende da vibração das cordas vocais. Da mesma forma, o som produzido pelos instrumentos musicais depende da vibração de cordas tensas, amplificadas por caixas ressonantes. Na indústria, também, a vibração pode ser aplicada para transporte e limpeza de peças. Os empregos podem ser os mais diversos em benefício da operação industrial, desde que se domine e entenda esse importante fenômeno físico.

Neste texto busca-se apresentar conceitos e fundamentos que permitem o entendimento dos mecanismos associados aos fenômenos vibratórios mecânicos. A complexidade desses fenômenos não permite apresentar, em um só volume, na profundidade exigida, todos os aspectos da vibração mecânica. Vamos nos ater aqui às chamadas *vibrações lineares*, que constituem a classe fundamental desses fenômenos.

São tratados neste volume tanto os sistemas chamados *com parâmetros concentrados (lumped parameter systems)* como os sistemas mecânicos *com parâmetros distribuídos.*

A preocupação dos autores é sempre procurar apresentar a interpretação física dos fenômenos vibratórios, mas usando uma ferramenta matemática adequada e precisa. Demonstrações de equações ou ferramentas matemáticas utilizadas são colocadas em apêndice para os leitores interessados nesse desenvolvimento. Um bom número de exemplos é apresentado para complementar o entendimento da matéria.

O desenvolvimento aqui seguido enfatiza as noções de teoria de sistemas como funções de transferência, fontes e distribuição de energia mecânica e equacionamento matemático mais apropriado para cursos de engenharia.

1.2 CARACTERÍSTICAS DOS SISTEMAS VIBRATÓRIOS

O *sistema de acionamento* de cilindros ou *rotores industriais*, esquematizado na Fig. 1.1, é composto por um motor, eixos, acoplamentos, redutores, mancais e a carga do acionamento, que realiza algum tipo de operação na planta industrial. No caso da laminadora de chapas, a carga é representada pelo trabalho necessário para produzir uma determinada redução de espessura na passagem entre os cilindros de laminação.

Devido às inércias e flexibilidades estruturais dos vários componentes envolvidos no acionamento, ocorrem vibrações de várias naturezas. Por exemplo, são comuns vibrações de natureza torcional ao longo dos eixos de acionamento. Esforços dinâmicos que tendem a separar os cilindros de laminação podem provocar, por outro lado, vibrações no sentido ortogonal ao plano da chapa.

Um método para se compreender as várias naturezas desses fenômenos vibratórios consiste em equacionar separadamente tais questões, ou os múltiplos aspectos da vibração no sistema de acionamento. Por exemplo, podemos tratar, numa primeira aproximação, apenas do aspecto torcional. Em algumas situações, este pode não ser o mais relevante e sim o aspecto relativo ao desbalanceamento ou desalinhamento dos rotores.

A seguir, vamos exemplificar a vibração em rotores em que o desbalanceamento é o aspecto relevante do problema. Mais adiante, no texto, o aspecto torcional da vibração será igualmente tratado.

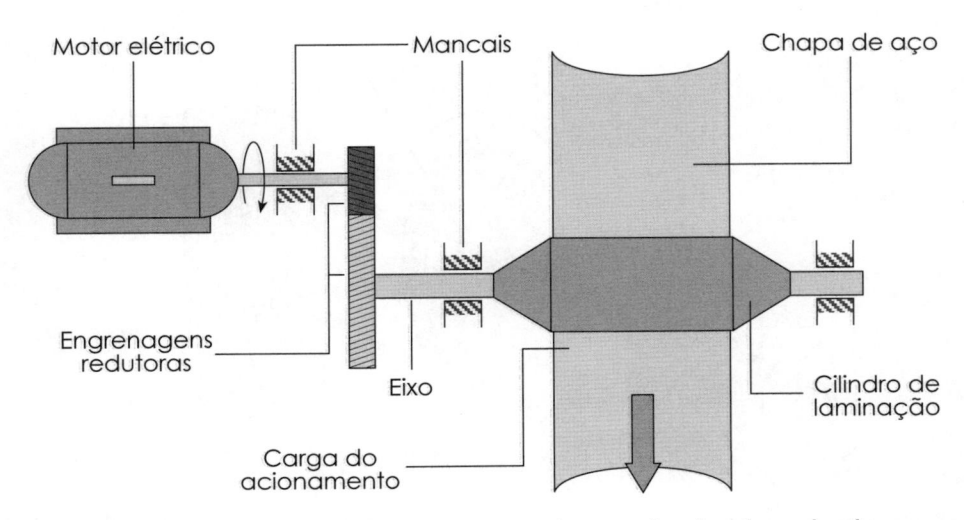

FIGURA 1.1 Esquema do acionamento de uma laminadora de chapas.

A vibração mecânica se manifesta na presença de esforços de natureza dinâmica, isto é, em que a intensidade ou direção das forças aplicadas nos componentes mecânicos muda continuamente com o tempo. Exemplo disso são as forças centrífugas que atuam sobre um eixo (rotor) quando existe algum *desbalanceamento de massas*, devido a assimetrias geométricas. Sabemos por análise simples da Dinâmica que essas forças são proporcionais ao quadrado da velocidade angular e atuam no centro de gravidade do rotor em rotação constante. A direção varia continuamente em relação a um referencial fixo, isto é, que não gira com o eixo. Decompondo a reação nos mancais em duas direções ortogonais (horizontal e vertical), por exemplo, observa-se que estas variam de maneira *pulsante e cíclica*, conforme mostrado nas Figs. 1.2 e 1.3.

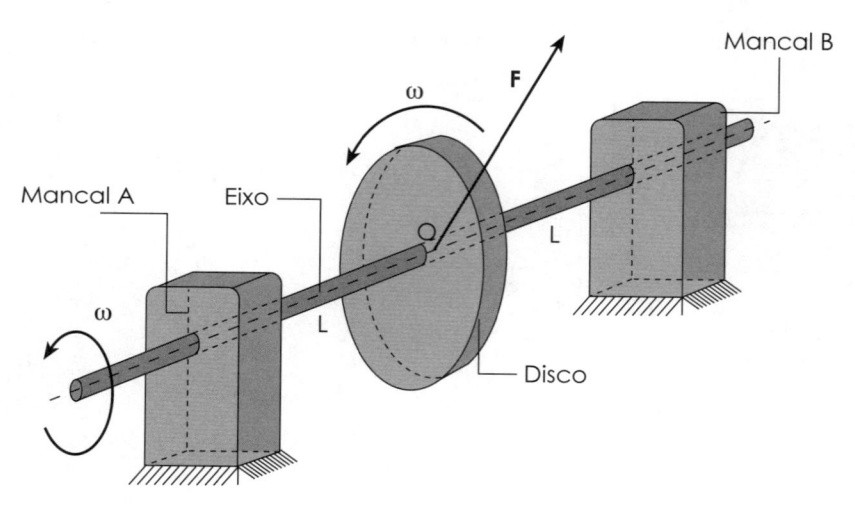

FIGURA 1.2 Rotor desbalanceado, apoiado em dois mancais, girando com rotação constante. A força **F**(*t*) é a força dinâmica fonte da vibração induzida nos mancais.

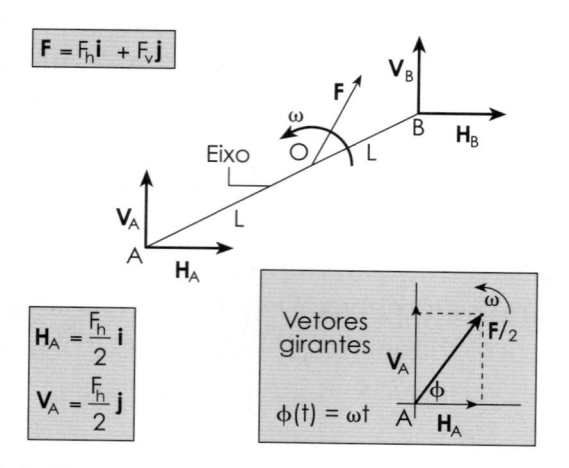

FIGURA 1.3 Forças e reações atuantes no rotor desbalanceado.

Observando o que ocorre nos mancais de apoio A e B, vamos verificar a existência de um *movimento pulsante*, de baixa amplitude, associado à *força centrífuga* atuante. A transmissão da força de desbalanceamento do rotor para os mancais só é possível devido a duas propriedades mecânicas fundamentais desses mancais. A primeira é a massa associada aos mancais, portanto a sua inércia; a outra é a flexibilidade ou deformação elástica estrutural dos elementos de fixação dos mancais à fundação onde todo o conjunto está ancorado. Para compreender o fenômeno físico, podemos lançar mão de um modelo mecânico dos mancais bastante simples, admitindo a hipótese que, por construção, as deformações elásticas dos elementos de fixação destes na direção horizontal sejam muito menores do que as que aparecem na direção vertical. Assim, o modelo se reduz ao apresentado na Fig.1.4, caso em que se desprezam atritos ou outros mecanismos de dissipação de energia vibratória ou, como na Fig.1.5, em que se leva em conta certo grau de amortecimento das vibrações, um modelo mais próximo da realidade.

Tomando por base o modelo da Fig. 1.4 a massa M representa toda a massa agregada a esse mancal, enquanto que a mola indica o efeito elástico ou de deformação do material dos componentes de fixação. Notar que a vibração significativa, em termos de amplitude de movimentos deve estar ocorrendo na direção vertical apenas, e é induzida pela componente vertical da força dinâmica $\mathbf{F}(t)$, a *fonte de vibração para o mancal*.

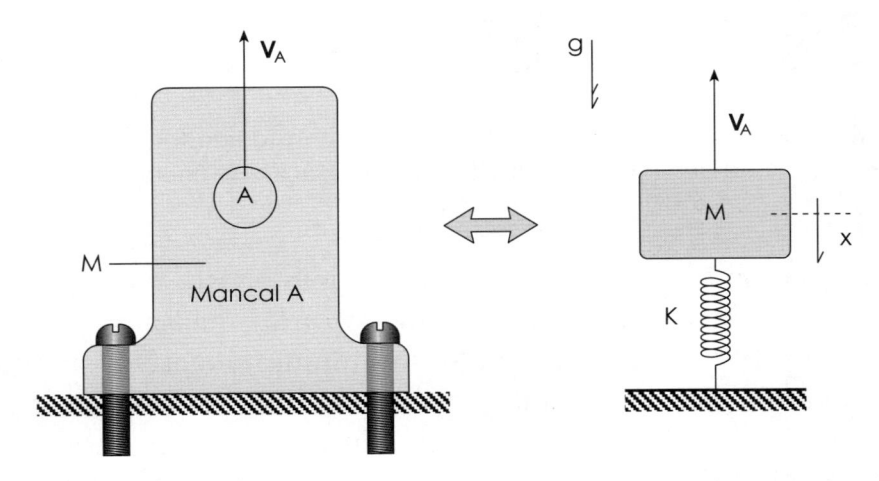

FIGURA 1.4 Modelo simplificado de mancal para estudo de vibração.

Um modelo possível e aceitável nesse caso consiste em assumir que de fato a *força desbalanceadora* tem magnitude constante e gira com o eixo, de modo que sua decomposição nas direções horizontal e vertical $\mathbf{F} = F_h\,\mathbf{i} + F_v\,\mathbf{j}$ fornece as respectivas componentes de força. A componente vertical é calculada por $F_v = F$ sen ϕ em que ϕ é a posição angular do rotor medida a partir de uma origem e associada à rotação constante do rotor ω (*velocidade angular* em rad/s) e que pode ser escrita, usando a Cinemática, como $\phi = \phi_0 + \omega t$. O ângulo inicial ϕ_0 depende da origem e é em geral arbitrário, mas por simplicidade pode-se fazê-lo igual a *zero*, portanto assumindo que no instante inicial de observação do movimento a força de desbalanceamento tem a direção horizontal.

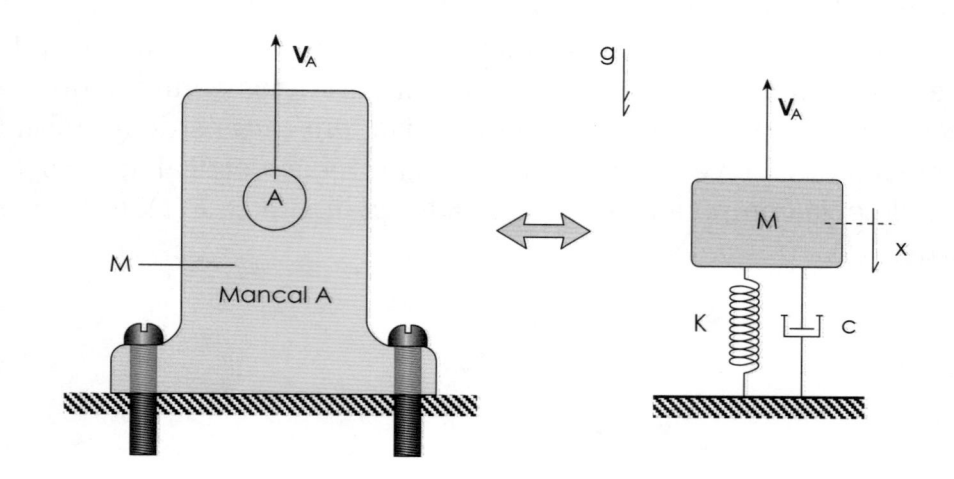

FIGURA 1.5 Modelo de vibração do mancal A considerando-se certo grau de amortecimento de vibração induzido por dissipação de energia vibratória.

O gráfico da força pulsante nesse modelo é visto na Fig. 1.6, notando-se que, sendo ela uma *função senoidal,* passa por um valor máximo positivo, se anula, atinge um mínimo negativo, se anula e assim repete o ciclo. Note que os valores positivos e negativos estão associados ao sentido em que a força atua. Assim, quando a força tem valor positivo, ela atua em oposição à gravidade, tendendo a levantar o mancal (ou esticar a mola). Valores negativos indicam compressão dos elementos de fixação. Deve-se pressupor também que os elementos de fixação apresentam dois tipos de deformação que simplesmente se superpõem: deformação constante estática (por ação do peso próprio da massa do mancal) e uma parcela de deformação dinâmica (a qual nos interessa estudar em vibrações). Notar que, correspondendo à deformação estática da mola, há um deslocamento inicial da massa, dada simplesmente por relações de equilíbrio de forças estáticas, isto é,

$$K \cdot x_0 = Mg,$$

assumindo-se desde já que a mola tem característica linear entre força de mola e deformação.

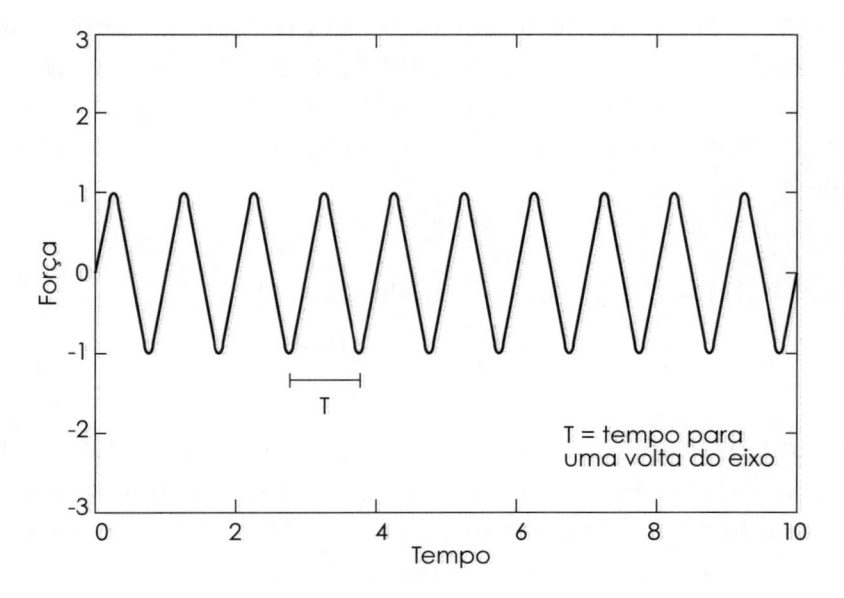

FIGURA 1.6 Gráfico da força induzida da vibração nos mancais de apoio por conseqüência de desbalanceamento de rotor.

A partir dessas considerações de equilíbrio pode-se agora gerar o equacionamento dinâmico desse conjunto composto pela força desbalanceadora $V_A(t) = 1/2\ F_v(t)$, pela força na mola F_m e pela força resultante na massa.

Aplicando a segunda lei de Newton ao bloco de massa M, por exemplo, e chamando de $\mathbf{a}(t)$ a aceleração da massa M, chega-se a:

$$V_A + F_m = Ma. \tag{1.1}$$

Pela orientação assumida de deslocamentos positivos e forças, temos:

$$F_m = -K_x \quad \text{e} \quad Ma = M\ddot{x},$$

sendo a derivada segunda do deslocamento com relação ao tempo $d^2x/dt^2 = \ddot{x}$, a própria aceleração da massa.

Observação

Neste texto a derivada de uma função em relação ao tempo normalmente é indicada com um ponto sobre a letra. Assim, a derivada primeira será indicada por um ponto sobre a letra; a segunda dois com pontos; a terceira com três, etc. As letras em negrito são grandezas vetoriais.

Sendo $V_A(t) = (^1/_2)F$ sen ωt, chega-se a:

$$M\ddot{x} - Kx = \frac{F\text{sen}\omega t}{2}. \tag{1.2}$$

Essa equação pode ser resolvida para a deformação $x(t)$, obtendo-se assim a expressão da vibração do mancal. Como será visto mais adiante, a solução $x(t)$ em regime permanente, nesse caso, é também do tipo pulsante e do *tipo harmônica*, dada por

$$x(t) = X(\omega) \text{ sen } (\omega t + \varepsilon). \tag{1.3}$$

Portanto, assim como a *excitação* $V_A(t)$, a *resposta* $x(t)$ também é periódica, representada por uma função senoidal com o argumento dependente do tempo e de um determinado valor de ω, observando ainda que a *amplitude* $X(\varepsilon)$ e a *fase* ε *dependem do parâmetro* ω. Expressões precisas e analíticas desse caso para a amplitude $X(\varepsilon)$ e fase ε de (1.3) são desenvolvidas mais adiante no texto.

O gráfico da Fig.1.7 ilustra as duas funções temporais correspondentes à força excitadora $V_A(t)$ e ao movimento da massa $x(t)$, ou seja, a expressão (1.3) para um particular valor de ω. Observar que a amplitude da vibração é em geral diferente da amplitude da excitação, ainda que normalizadas em unidades compatíveis, e que o gráfico das duas funções apresentam uma defasagem constante em relação ao eixo do tempo t, que pode ser calculada em unidades de tempo através do intervalo de tempo t_p de ocorrência de dois picos sucessivos entre as duas curvas.

A rotação do eixo, dada pela velocidade angular ω (rad/s), pode ser colocada em termos do período T (medido geralmente em segundos), intervalo de tempo que o rotor leva para dar uma volta completa em torno do próprio eixo, através da seguinte expressão:

$$T = \frac{2\pi}{\omega}. \tag{1.4}$$

A fase ε, em radianos, pode ser facilmente calculada por:

$$\varepsilon = \frac{2\pi t_p}{T}.$$

No gráfico da Fig. 1.7, o período T é medido, por exemplo, entre dois instantes de ocorrência de picos sucessivos da mesma curva ou entre cruzamentos alternados de zeros (onde as funções se anulam) da mesma curva.

Definindo $f = 1/T$ como sendo o número de voltas do rotor por segundo (ou ciclos por segundo, ciclos/s), teremos a freqüência f definida em hertz (Hz, ou 1/s).

Uma representação interessante da excitação e resposta é dada pelos *fasores* da Fig. 1.8, em que força e deslocamento são mostrados como dois vetores de intensidade constante girando no plano em torno de um ponto fixo com velocidade angular ω constante. Notar que os dois vetores têm um ângulo constante entre si, o que corresponde à defasagem ou diferença de fases ε. A projeção de cada um dos dois vetores sobre o eixo horizontal da representação de fasores, em cada instante t, corresponde a um ponto da correspondente curva da Fig. 1.7.

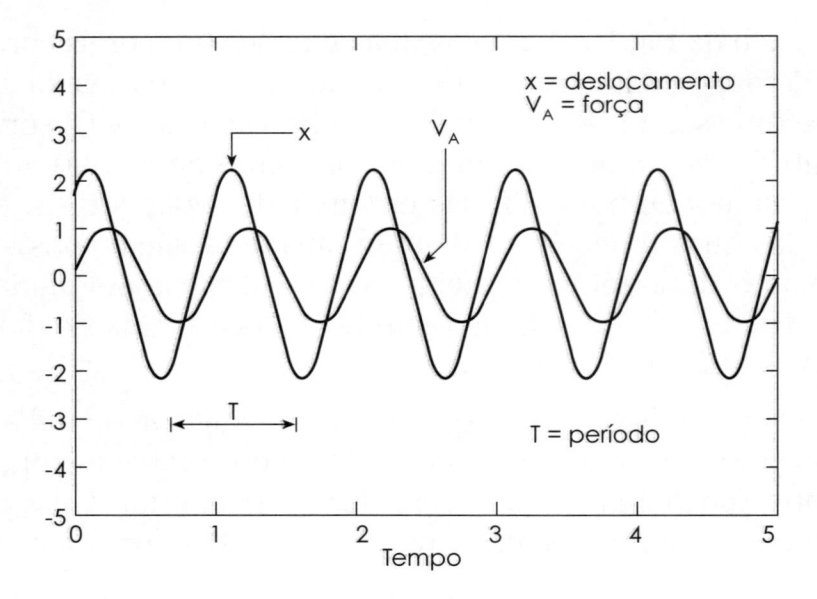

FIGURA 1.7 Vibração forçada com um grau de liberdade. Excitação (força) e resposta (vibração da massa) em rotor girando com desbalanceamento de massa.

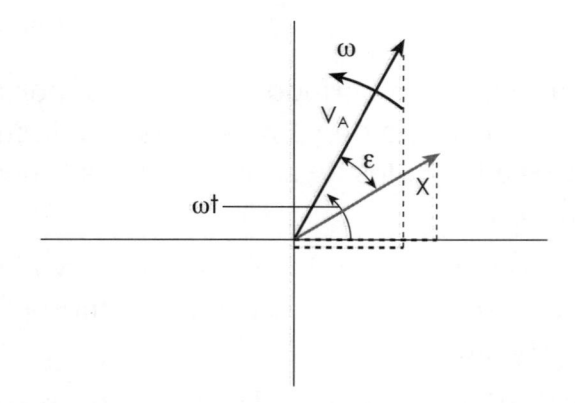

FIGURA 1.8 Representação por fasores entre força excitadora e resposta (deslocamento da massa).

Tanto a intensidade do vetor que representa o deslocamento como o ângulo de fase entre os dois vetores no plano dos fasores mudam com o valor de ω, como será mostrado analiticamente no Cap. 2.

Como a força excitadora é independente do movimento do mancal $x(t)$, da velocidade $\dot{x}(t)$ ou da aceleração, portanto das variáveis da vibração do mancal, dizemos que a força $V_A(t)$ é uma *fonte de vibração* para o mancal (*conceito físico*) ou uma *função excitadora* dependente apenas de t para equações diferenciais do tipo (1.2) (*conceito matemático*). Pelo mesmo motivo dizemos que o deslocamento $x(t)$ é uma resposta dinâmica desse modelo, pois depende não somente da excitação como dos parâmetros mecânicos: massa M e constante de mola K.

Em vibrações, costuma-se chamar de ω a *freqüência angular* (em radianos por segundo, rad/s) e de f a *freqüência cíclica* (em hertz, Hz).

Pode-se obter a mesma equação do movimento (1.2) empregando o modelo vibratório descrito anteriormente, porém aplicando-se o princípio de balanço das energias envolvidas, relacionando o trabalho da força excitadora com as energias do tipo cinética e potencial. Esse método de equacionamento de problemas vibratórios é sistematizado nas equações de Lagrange, em oposição ao método da Mecânica Vetorial de Newton. Em problemas com muitas variáveis vibratórias, o método lagrangeano (formulado pelo matemático francês Lagrange) pode ser mais adequado pelo fato de as forças internas entre os elementos mecânicos não aparecerem de forma explícita, como ocorre no caso do método newtoniano de equilíbrio dinâmico de forças.

Outros métodos baseados em coeficientes de influência são bastante utilizados em modelos de vibração, mas não serão abordados neste texto.

Sobre a expressão (1.2) cabe notar que se trata de uma equação do tipo diferencial em relação às variáveis x(espaço) e t (tempo), e do tipo ordinária, já que não há derivadas parciais. Ainda mais: em relação à variável x e suas derivadas temporais, ela é do tipo linear, ou seja, verifica-se o princípio geral da superposição, explicado em maiores detalhes mais adiante. A solução analítica das equações diferenciais foi objeto de estudos de grandes matemáticos do século XVIII e início do século XIX, como Laplace e Fourier, que estabeleceram seus alicerces teóricos, universalmente utilizados até hoje.

1.3 CONSIDERAÇÕES SOBRE A MATEMÁTICA DOS SISTEMAS VIBRATÓRIOS DISCRETOS

Os modelos físicos para os sistemas vibratórios mostrados no exemplo anterior denominam-se *sistemas com parâmetros concentrados*, sendo as massas e as flexibilidades dos componentes mecânicos agregados espacialmente. No exemplo, a massa do mancal e metade da massa total do eixo girante foram concentradas espacialmente num valor único, ou parâmetro *M,* no centro geométrico do mancal, ao qual só é permitido deslocamento vertical. Da mesma forma, a flexibilidade dos elementos de fixação do mancal (por exemplo, parafusos de ancoragem do mancal à fundação da máquina) foi agregada numa única mola com flexibilidade elástica equivalente representada pela constante de mola *K*.

Esquemas como o da Fig.1.4 são evidentemente simplificações da realidade física, mas podem fornecer indicações importantes sobre a vibração do sistema mecânico em uma primeira aproximação. Lança-se mão do conceito de equivalência entre modelo e realidade, de modo a aproximar os efeitos de *inércia* (massa), *flexibilidade* (mola) e *amortecimento* (atritos) daqueles existentes no mundo físico. Consegue-se isso através de cálculos geométricos e estruturais, medidas e testes experimentais e experiência acumulada com a familiaridade em problemas vibratórios.

Pode-se imaginar que, em determinadas situações (visando uma equivalência mais próxima da realidade), um sistema vibratório deva ser representado por um número grande de massas e flexibilidades concentradas espacialmente, como se verá mais adiante. Nesse caso, a vibração será descrita por um conjunto de *equações diferenciais*. A solução analítica de sistemas de equações evidentemente é mais complexa do que a solução de uma única equação diferencial, porém as ferramentas matemáticas de solução são semelhantes.

As soluções analíticas das equações diferenciais que aparecem nos problemas vibratórios com parâmetros concentrados baseiam-se nos métodos da *transformada de Laplace* descritos a seguir e apresentados em maior detalhe no Apêndice I.

1.3.1 Método da transformada de Laplace em vibrações mecânicas

Conforme visto no exemplo anterior, a solução da equação diferencial é a função $x(t)$ que descreve o deslocamento da massa. A partir dela, por simples aplicação do cálculo de sua derivada em relação ao tempo, podemos obter a velocidade da massa $\dot{x}(t)$ e, derivando a velocidade, calculamos a aceleração da massa $\ddot{x}(t)$.

Para resolver a equação diferencial (1.2), é preciso transformá-la numa equação algébrica. Dessa maneira, o problema matemático a solucionar torna-se mais simples. Uma transformação inversa fornece a resposta $x(t)$. Assim, a solução do problema pelo método da transformada utiliza funções definidas em dois domínios. A primeira, $f(t)$, é definida no campo real da variável t (tempo). A outra função, $F(s)$, tem como domínio o campo complexo, onde varia a variável s.

Laplace propôs uma correspondência entre as duas funções, $f(t)$ e $F(s)$, introduzindo um operador que faz corresponder $F(s)$ à função $f(t)$. Essa correspondência chama-se *transformação de Laplace*. A função $F(s)$ é dita *transformada de Laplace da função* $f(t)$.

O operador será designado por L e o seu inverso por L^{-1}; eles estão definidos no Apêndice I. Desse modo escreveremos

$$F(s) = L\{f(t)\} \tag{1.5}$$

e

$$f(t) = L^{-1}\{F(s)\}. \tag{1.6}$$

Laplace escolheu como $F(s)$ uma função complexa de variável complexa. À primeira vista, isso poderia parecer algo complicado. A vantagem do método da transformação de Laplace é que, pelas propriedades dos dois espaços definidos pelo operador L, as *equações diferenciais* no domínio de t são tratadas como *equações algébricas* no domínio de s. Sem sombra de dúvida, isso representa uma simplificação considerável, já que as operações algébricas são mais fáceis para o tratamento matemático. Ainda mais como veremos, as funções $f(t)$ que ocorrem nas equações diferenciais correspondentes aos sistemas com parâmetros concentrados têm como transformadas $F(s)$ funções racionais (quociente de polinômios). A função $F(s)$, tendo uma componente real e uma componente imaginária, pode ser descrita por:

$$F(s) = F_r(s) + jF_i(s),\qquad(1.7)$$

onde $F_r(s)$ é a *componente real* $Re\{F(s)\} = F_r(s)$, e $F_i(s)$ a *componente imaginária* $Im\{F(s)\} = F_i(s)$.

Uma forma alternativa de se escrever a função $F(s)$ é:

$$F(s) = F_m(s)e^{j\theta(s)},\qquad(1.8)$$

onde $F_m(s)$ é a magnitude e $\theta(s)$ a fase da função $F(s)$. Esta última relação vem da *fórmula de Euler* para o campo complexo. O termo exponencial é dado por:

$$e^{j\theta(s)} = \cos\theta\ (s) + j\operatorname{sen}\theta\ (s).\qquad(1.9)$$

Por exemplo, vamos supor que a função $F(s)$ seja dada por $F(s) = 1/s$. A variável s pode ser escrita $\sigma + j\omega$, em que σ e ω são variáveis reais, indicando respectivamente a parte real e a imaginária de s. Desse modo teremos:

$$F(s) = \frac{1}{\sigma + j\omega}\qquad(1.10)$$

ou

$$F(s) = \frac{\sigma - j\omega}{\sigma^2 + \omega^2}\qquad(1.11)$$

após multiplicar a expressão (1.10) no numerador e no denominador pelo conjugado de s; isto é, $s^* = \sigma - j\omega$.

Nesse caso, temos $F_r(s) = \sigma/(\sigma^2 + \omega^2)$ e $F_i(s) = -\omega/(\sigma^2 + \omega^2)$. A magnitude $F_m(s)$ pode ser obtida facilmente por $F_m(s) = (F_r(s)^2 + F_i(s)^2)^{1/2}$ e $\theta(s) = \arctan(F_i(s)/F_r(s))$. Assim,

$$F_m(s) = \frac{1}{\sigma^2 + \omega^2} \quad \text{e} \quad \theta(s) = \arctan - \left(\frac{\omega}{\sigma}\right).$$

O método da transformada de Laplace exige que lidemos com variáveis e funções complexas, operando com elas no domínio de s.

As funções que resultam da aplicação desse método nos modelos com parâmetros concentrados são funções racionais de variáveis complexas do tipo

$$F_m(s) = \frac{N(s)}{D(s)}. \tag{1.12}$$

e
$$N(s) = a_m s^m + a_{m-1} s^{m-1} + a_{m-2} s^{m-2} + \ldots + a_1 s + a_0$$
$$D(s) = b_n s^n + b_{n-1} s^{n-1} + b_{n-2} s^{n-2} + \ldots + b_1 s + b_0 \tag{1.13}$$

Os coeficientes a_i e b_j, com $i = 1, m$ e $j = 1, n$ são nesse caso constantes reais.

Uma vez bem caracterizada a estrutura matemática das funções com as quais iremos tratar no domínio de s, podemos dizer que $F(s)$ é definida pelo conjunto $\{a_i, b_j, m, n\}$. Estabelece-se uma relação única entre os dois domínios, isto é, entre a função $f(t)$ e o conjunto $\{a_i, b_j, m, n\}$.

Como exemplo, consideremos uma função importante em vibrações, a *função de Heaviside* (ou *degrau unitário*), $u(t)$, definida por

$$u(t) = 0 \text{ para } t < 0 \quad \text{e} \quad u(t) = 1 \text{ para } t > 0, \tag{1.14}$$

que apresenta um salto no instante $t = 0$. Verificaremos que sua transformada de Laplace é simplesmente

$$F_m(s) = \frac{1}{s}. \tag{1.15}$$

De maneira esquemática, indicamos:

Domínio de t   **Domínio de s**

$$>>>>> L >>>>>$$ Polinomial racional com

$$f(t) = u(t) \qquad <<<<< L^{-1} <<<< \qquad \{a_0=1, b_1=1, b_0=0, m=0, n=1\}.$$

Apesar de se haver estabelecido uma relação entre as funções $f(t)$ e $F(s)$, não existe nenhuma relação direta nos valores entre um particular instante t e o correspondente valor em s, ou entre o valor da função $f(t)$ num particular instante e o correspondente valor no domínio de s. Contudo existem outras propriedades interessantes e úteis entre os dois domínios. Por exemplo, as integrais de certas funções reais $f(t)$, de difícil cálculo direto no domínio de t, podem ser obtidas facilmente no domínio de s através de um teorema demonstrado pelo matemático Cauchy para funções complexas chamadas *analíticas*.

Funções analíticas são definidas no campo complexo, apresentando derivadas contínuas no domínio de s, salvo em um número finito de pontos. Esses pontos são chamados de *singularidades* das funções analíticas. No caso das nossas funções $F(s)$, esses pontos singulares são aqueles nos quais $D(s)$ se anula. Costuma-se chamar $D(s) = 0$ de *equação característica*.

Vamos exemplificar a resolução de uma equação diferencial pelo método da transformada de Laplace. Para isso, será necessário empregar duas propriedades dessa transformada. A primeira é a *propriedade da linearidade*. Seja:

$$f(t) = \alpha g(t) + \beta h(t), \tag{1.16}$$

onde α e β são constantes reais e $g(t)$ e $h(t)$ são funções reais. Então a transformada de $f(t)$, isto é, $F(s)$, será dada por:

$$F(s) = \alpha G(s) + \beta H(s), \tag{1.17}$$

em que $G(s)$ e $H(s)$ são, respectivamente, as transformadas de Laplace de $g(t)$ e de $h(t)$.

A segunda propriedade é relativa à operação derivada de uma função no domínio do tempo. Nesse caso, verifica-se que, sendo:

$$f' = \frac{df}{dt}, \quad \text{então} \quad L\{f'\} = sF(s).$$

Aplicando sucessivamente essa propriedade, teremos que a derivada n-ésima de $f(t)$ será dada por:

$$L\left\{\frac{d^n f}{dt^n}\right\} = s^n \cdot F(s). \qquad (1.18)$$

Foram admitidas condições iniciais nulas nesses casos. A expressão mais completa dessa propriedade com condições iniciais não-nulas é mostrada no Apêndice I.

No exemplo apresentado, se admitirmos que a função excitadora é uma função qualquer do tempo, não necessariamente senoidal como é a força centrífuga, teremos a seguinte equação diferencial da vibração do mancal:

$$M\ddot{x} + Kx = f(t) \qquad (1.19)$$

Aplicando a transformada de Laplace aos dois membros da equação, resulta:

$$\left(Ms^2 + K\right) X(s) = F(s), \qquad (1.20)$$

sendo $X(s)$ e $F(s)$ as transformadas de Laplace das funções temporais $x(t)$ (deslocamento da massa) e $f(t)$ (força excitadora), respectivamente.

Exceto para valores de s que anulam o termo $(Ms^2 + K)$ (pontos singulares da função), $X(s)$ será dada por:

$$X(s) = \frac{1}{(Ms^2 + K)} \cdot F(s). \qquad (1.21)$$

Desse modo, conhecida a transformada da função excitadora $f(t)$, a transformada da solução do problema de vibração fica inteiramente determinada no domínio da transformada por mera multiplicação pela função

$$H(s) = \frac{1}{Ms^2 + K},$$

ou seja,

$$X(s) = H(s)\, F(s). \qquad (1.22)$$

Observe que, ao contrário da transformada da força excitadora (*fonte*), que pode ser uma função qualquer do tempo, a função $H(s)$

só depende de parâmetros do sistema mecânico, como se pode observar nesse caso: a massa M e a constante de mola K. Portanto, exceto por esses parâmetros, a função $H(s)$ é fixa, calculada uma única vez para um sistema vibratório mecânico. Na linguagem de Teoria de Sistemas, ela é denominada *função de transferência do sistema* no domínio de s e traduz a relação simples entre resposta e excitação:

$$H(s) = \frac{X(s)}{F(s)}. \qquad (1.23)$$

Neste ponto, é interessante introduzir uma outra função importante na teoria das vibrações, a função δ de Dirac. Trata-se de uma função $f(t) = \delta(t)$, chamada *impulsiva*, para a qual se admite

$$\delta(t) = 0 \qquad (t \neq 0).$$

Admite-se, entretanto, que

$$\int_{\infty}^{\infty} \delta(t)dt = 1.$$

Conforme está demonstrado no Apêndice I, será

$$L\{\delta(t)\} = 1. \qquad (1.24)$$

Aplicar, no instante $t = 0$, à massa, considerada no exemplo a que se refere a Eq. (1.19), a excitação $f(t) = \delta(t)$, significa aplicar no sistema um impulso que eleva instantaneamente, em uma unidade, a velocidade de uma massa unitária.

Nesse caso, como se verifica de (1.22), $X(s) = H(s)$. No domínio do tempo, a resposta $x(t)$ obtida para um impulso aplicado ao sistema vibratório é conhecida como a resposta impulsiva $h(t)$, ou resposta a um impulso. Portanto a função de transferência do sistema vibratório é a transformada de Laplace da resposta impulsiva. De alguma forma, a resposta impulsiva de um sistema mantém apenas as características intrínsecas do sistema e independe da particular excitação externa.

No domínio do tempo, como seria a relação matemática entre excitação $f(t)$ e resposta $x(t)$? No Apêndice I mostramos que essa relação para sistemas lineares do tipo que estamos interessados aqui é dada pela *operação de convolução no tempo* e indicada pela expressão

$$x(t) = h(t)^*f(t). \tag{1.25}$$

O sinal * indica operação de convolução entre as duas funções. Pelas considerações anteriores é óbvio que, se $f(t) = \delta(t)$, então

$$h(t) = h(t)^*\delta(t), \tag{1.26}$$

ou seja, a operação de convolução com a função de Dirac mapeia a função nela própria.

Para os sistemas vibratórios, a partir dessas expressões, pode-se dizer que a resposta impulsiva representa o sistema dinâmico e que, se fosse praticamente possível imprimir à massa M uma força impulsiva ("martelada instantânea") e registrar a resposta, teríamos toda a informação necessária para poder estudar a vibração do sistema para qualquer outra função excitadora $f(t)$.

Verifica-se então que, para estudar analiticamente a vibração de um sistema mecânico do tipo descrito até aqui, duas etapas são necessárias: primeiro é preciso, a partir de um modelo com parâmetros concentrados, estruturar uma equação ou conjunto de equações diferenciais ordinárias usando as equações da Dinâmica, e, numa segunda etapa, buscar a solução usando o método da transformada de Laplace visto neste capítulo.

Para tanto, serão usadas as propriedades e as transformadas de Laplace das funções mais conhecidas, tabuladas na Tab. I do Apêndice I.

No próximo capítulo vamos estudar de forma completa a vibração de um sistema do tipo mostrado no exemplo do mancal, denominado *vibração com um grau de liberdade*, pois uma única variável descreve completamente a vibração do sistema, no exemplo a variável $x(t)$ (deslocamento da massa).

2

VIBRAÇÃO DE SISTEMAS MECÂNICOS COM UM GRAU DE LIBERDADE

Os esquemas das Figs. 2.1 a 2.9 exemplificam alguns sistemas com parâmetros concentrados que podem ser tratados com um grau de liberdade, isto é, quando apenas uma variável descreve completamente a vibração do conjunto.

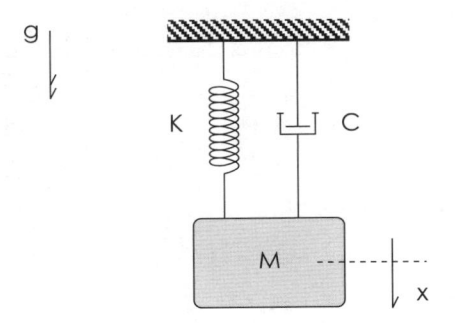

FIGURA 2.1 Sistema vibratório com um bloco de massa M, com deslocamento vertical.

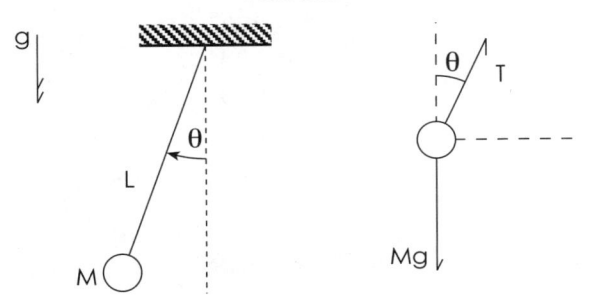

FIGURA 2.2 Pêndulo simples – exemplo de sistema com um grau de liberdade.

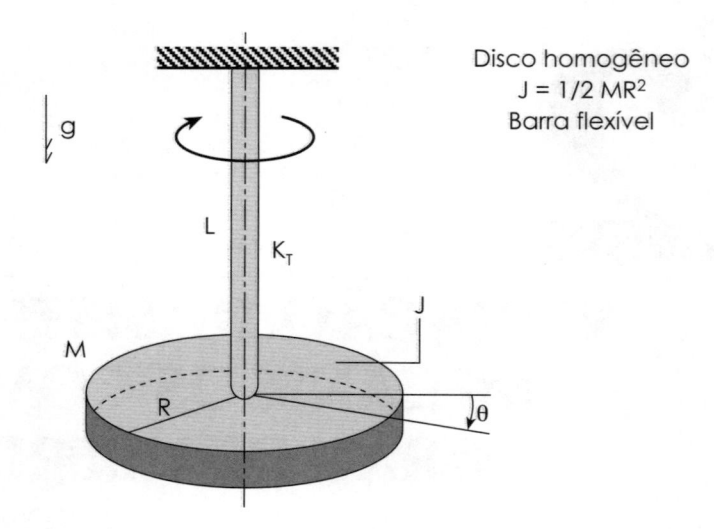

FIGURA 2.3 Vibração torcional em sistema eixo e disco.

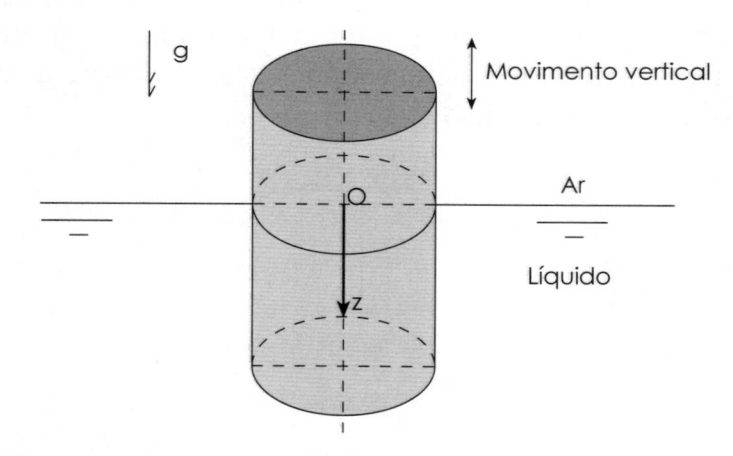

FIGURA 2.4 Corpo flutuante em movimento vertical em meio líquido.

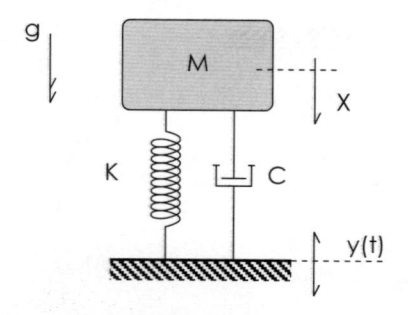

FIGURA 2.5 Movimento vertical de bloco induzido pela fundação.

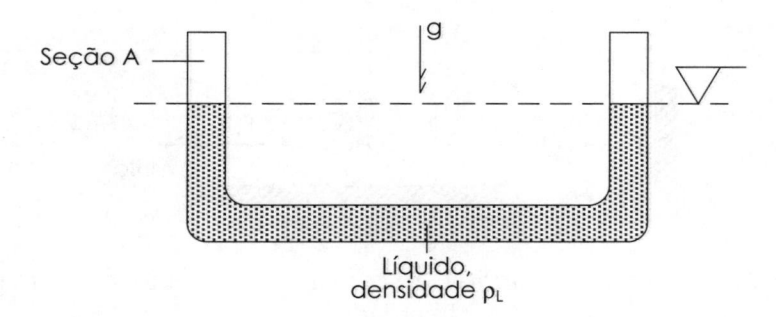

FIGURA 2.6 Movimento de líquido no interior de tubo.

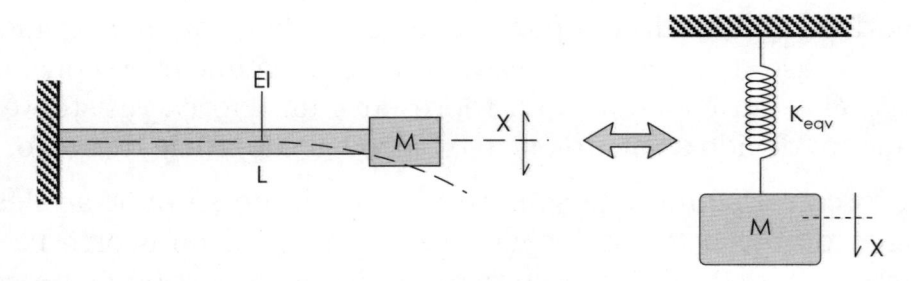

FIGURA 2.7 Vibração de viga em flexão, com massa concentrada numa extremidade.

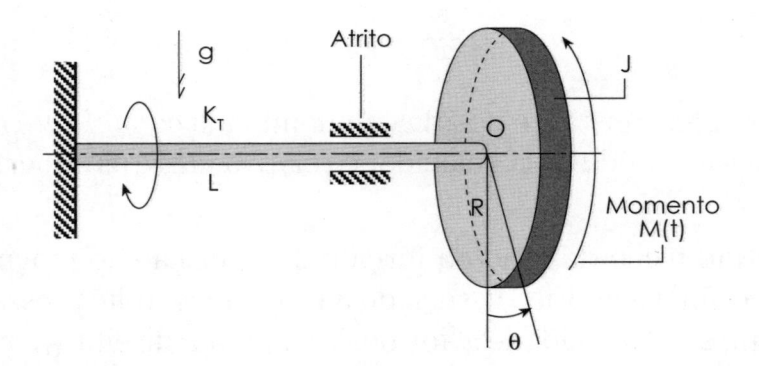

FIGURA 2.8 Vibração de rotor horizontal sujeito a momento aplicado.

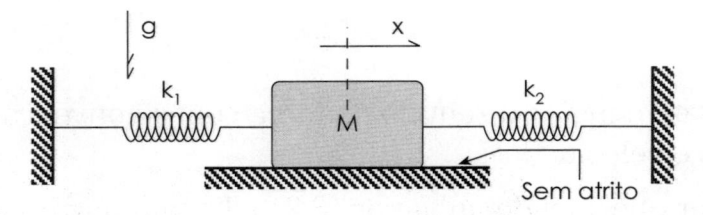

FIGURA 2.9 Massa em vibração sobre superfície horizontal lisa.

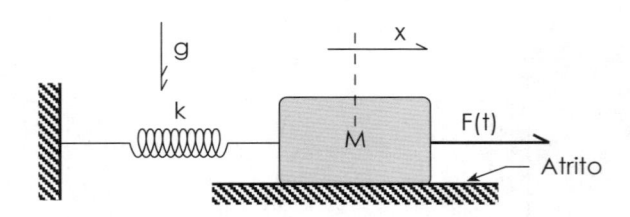

FIGURA 2.10 Sistema vibratório livre com amortecimento, com um grau de liberdade.

A Fig. 2.10 apresenta um sistema mecânico em vibração na direção horizontal, constituído por um conjunto de componentes mecânicos, no caso um bloco de massa M, uma mola linear de constante elástica K e um elemento que representa uma força resistente ao movimento devido ao atrito entre o bloco e a superfície de apoio.

A força resistente age sempre no sentido de se opor ao deslocamento do bloco (massa) sobre a superfície (como ocorre na Dinâmica, na força de atrito estático ou dinâmico do tipo atrito seco de Coulomb). Vamos admitir que essa força de atrito tenha uma lei constitutiva dada pela equação:

$$F_a = cv, \tag{2.1}$$

em que c é uma constante positiva, denominada *coeficiente de atrito viscoso*, e v é o módulo da velocidade relativa entre as superfícies em contato.

O sentido físico da ação da força é de oposição ao movimento e, portanto, o sinal algébrico associado à força deve indicar essa ação física. Assim, se a velocidade x for positiva para a direita (por convenção) e a massa estiver se deslocando para a direita, a força de atrito deverá agir sobre a massa M para a esquerda, de forma que:

$$F_a = -c\dot{x}. \tag{2.2}$$

O sinal negativo indica o sentido da força com a convenção admitida para forças e velocidades.

Observar que a lei definida por (2.2) é linear em $\dot{x}$, o que garante a linearidade da equação diferencial resultante do modelo. Assim, basta aplicarmos a segunda lei de Newton à massa M para obter:

$$M\ddot{x} = -c\dot{x} - Kx + F(t) \tag{2.3}$$

ou

$$M\ddot{x} + c\dot{x} + Kx = F(t). \tag{2.4}$$

Antes de prosseguir na solução do problema da vibração completa do sistema de um grau de liberdade, podemos fazer duas hipóteses. A primeira consiste em admitir que a vibração se dará apenas em decorrência de condições iniciais não-nulas para a massa M; isto é, aplicando um deslocamento da massa (bloco) em relação ao deslocamento de equilíbrio ou também imprimindo uma velocidade inicial à massa, e fazendo a força excitadora nula, isto é, $F(t) = 0$.

Esse caso é chamado de *vibração livre* ou *vibração a condições iniciais (CI)*. Em situações físicas reais, isso se assemelha, por exemplo, a um impulso que o sistema mecânico sofre num certo instante e em seguida vibra livremente ou, ainda, quando a situação inicial é efetivamente diferente daquela do equilíbrio estático, portanto com CI não-nulas. Por exemplo, na Fig. 2.11 a régua seria flexionada e em seguida deixada vibrar livremente, até retornar à posição de repouso (equilíbrio).

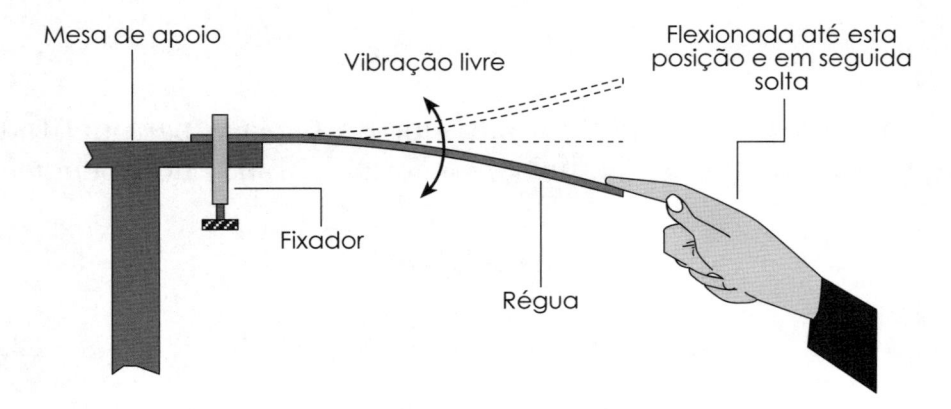

FIGURA 2.11 Régua flexionada e em seguida solta, a partir de uma posição inicial, deixada a vibrar livremente até seu retorno à posição de equilíbrio.

Vamos em geral admitir que o sistema vibratório possa ter condições iniciais (CI) não necessariamente nulas, como segue:

$$x(t = 0_+) = x_0$$

e   (2.5)

$$\dot{x}(t = 0_+) = \dot{x}_0.$$

Costuma-se distinguir o comportamento das variáveis que apresentam descontinuidade no instante inicial $t = 0$, associando-se valores das variáveis em $t = -\Delta$ e em $t = +\Delta$, sendo $\Delta > 0$, muito pequeno e tendendo a zero, isto é, um valor em $t = 0_-$ e outro em $t = 0_+$.

Na Sec. 2.1, vamos considerar apenas o problema de vibração em que a força resistiva é nula, ou seja, o caso de vibrações livres sem atrito com um *grau de liberdade* (1 gl). O caso com atrito será considerado em na Sec. 2.2.

2.1 VIBRAÇÕES LIVRES SEM AMORTECIMENTO PARA UM GRAU DE LIBERDADE

Devemos encontrar a solução para o problema dado por:

$$M\ddot{x} + Kx = 0,$$ (2.6)

com CI dadas por:

$$x(t = 0_+) = x_0$$

e   (2.7)

$$\dot{x}(t = 0_+) = \dot{x}_0.$$

Usando a propriedade do operador de Laplace para derivadas com condições inicias não-nulas, conforme a Tab. I do Apêndice I, teremos:

$$L\{M\ddot{x} + Kx\} = 0,$$

$$M\left(s^2 X(s) - x_0 s - \dot{x}_0\right) + KX(s) = 0$$ (2.8)

ou

$$X(s) = \frac{Mx_0 s + M\dot{x}_0}{Ms^2 + K}.$$ (2.9)

Observemos que a resposta $X(s)$ que seria obtida com deslocamento inicial nulo e quantidade de movimento inicial $(M\dot{x}_0)$ igual a 1 seria idêntica à resposta obtida no exemplo do capítulo anterior, já que, nesse caso, também

$$H(s) = \frac{1}{Ms^2 + K}.$$

Denotando $(K/M)^{1/2} = \omega_n$ e usando a Tab. I do Apêndice I, verifica-se que a transformada inversa de

$$H(s) = \left(s^2 + \omega_n^2\right)^{-1} \frac{1}{M} \tag{2.10}$$

é dada por:

$$h(t) = \left(\frac{1}{M\omega_n}\right) \text{sen}\left(\omega_n t\right). \tag{2.11}$$

Aplicando-se a transformada inversa aos dois termos de (2.9) chega-se facilmente a:

$$x(t) = x_0 \cos\left(\omega_n t\right) + \frac{\dot{x}_0}{\omega_n} \text{sen}\left(\omega_n t\right). \tag{2.12}$$

Essa solução corresponde à soma de duas parcelas harmônicas de mesma freqüência com amplitudes distintas. Cabe observar que as amplitudes têm dimensão de deslocamento; a primeira do deslocamento inicial da massa e a segunda devido à aplicação da quantidade de movimento inicial $M\dot{x}_0$.

A expressão (2.12) pode ser transformada lançando-se mão de relações trigonométricas elementares do tipo:

$$\text{sen}\left(a + b\right) = \text{sen } a \cdot \cos b + \text{sen } b \cdot \cos a \tag{2.13}$$

para se chegar à seguinte expressão para $x(t)$:

$$x(t) = A\,\text{sen}\left(\omega_n t + \phi_0\right), \tag{2.14}$$

onde

$$A = \left[\left(\frac{\dot{x}_0}{\omega_n}\right)^2 + x_0^2\right]^{1/2}$$

e
$$\phi_0 = \arctan \frac{\omega_n x_0}{\dot{x}_0}.$$

O gráfico da Fig. 2.12 ilustra a resposta temporal $x(t)$ para condições iniciais não-nulas. Note que a solução $x(t)$ é periódica, apresentando um período $T = 2\pi/\omega_n$. O parâmetro ω_n representa uma freqüência angular, chamada de *freqüência natural* de vibração do sistema. Se a velocidade inicial for nula, então $\phi_0 = \pi/2$, e o deslocamento da massa M se dará entre dois extremos correspondentes ao valor da amplitude inicial. Observar que a resposta descrita pela expressão (2.14) e mostrada na Fig. 2.12 indica que o movimento da massa será mantido indefinidamente, o que na prática não ocorrerá por ação de atrito e outros mecanismos de dissipação da energia mecânica inicialmente introduzida no sistema vibratório.

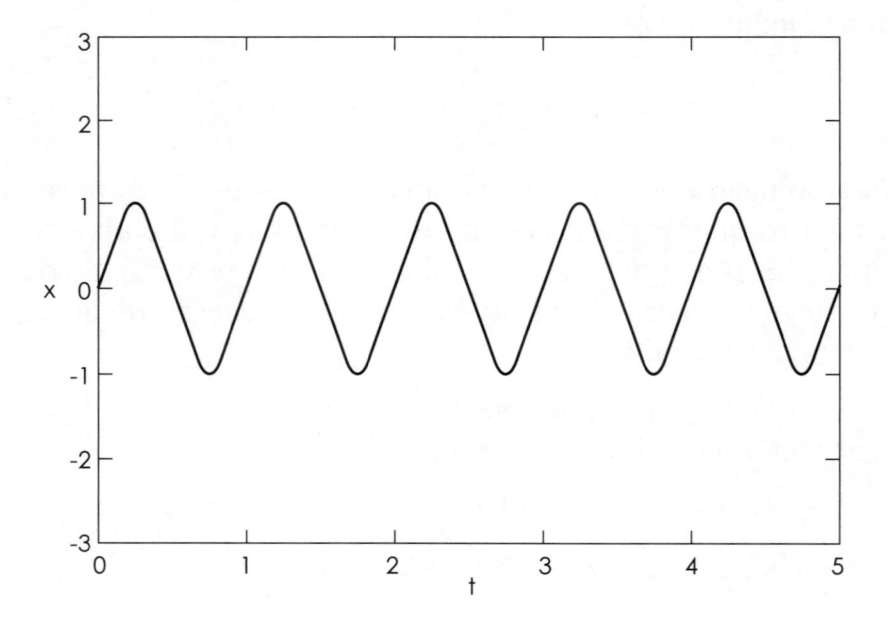

FIGURA 2.12 Deslocamento da massa em vibração livre sem amortecimento para um grau de liberdade.

A velocidade e a aceleração da massa podem ser obtidas por simples derivação de (2.14), fornecendo as seguintes expressões:

$$\dot{x}(t) = A\omega_n \cos\left(\omega_n t + \phi_0\right) \qquad (2.15)$$

e

$$\ddot{x}(t) = -A\omega_n^2 \,\mathrm{sen}\left(\omega_n t + \phi_0\right). \qquad (2.16)$$

A amplitude da velocidade é igual à amplitude do deslocamento multiplicada pela freqüência natural; a amplitude da aceleração é igual à amplitude do deslocamento multiplicada pelo quadrado da freqüência natural.

Relações trigonométricas permitem escrever as seguintes relações alternativas:

$$\dot{x}(t) = A\omega_n \,\mathrm{sen}\left(\omega_n t + \phi_0 + \pi/2\right) \qquad (2.17)$$

e

$$\ddot{x}(t) = A\omega_n^2 \,\mathrm{sen}\left(\omega_n t + \phi_0 + \pi\right) \qquad (2.18)$$

ou

$$\ddot{x}(t) = -A\omega_n^2 \,\mathrm{sen}\left(\omega_n t + \phi_0\right). \qquad (2.19)$$

Desse modo, verificamos que a velocidade está avançada em fase (de $\pi/2$) em relação ao deslocamento; costuma-se dizer que está em *quadratura de fase*. Da mesma forma, diz-se que a aceleração está em *oposição de fase* em relação ao deslocamento (o sinal negativo na expressão (2.19) indica isso) ou, o que é a mesma coisa, em avanço de π rad conforme (2.18).

Uma representação interessante dessa fase está no esquema de vetores girantes ou fasores mostrado na Fig.2.13.

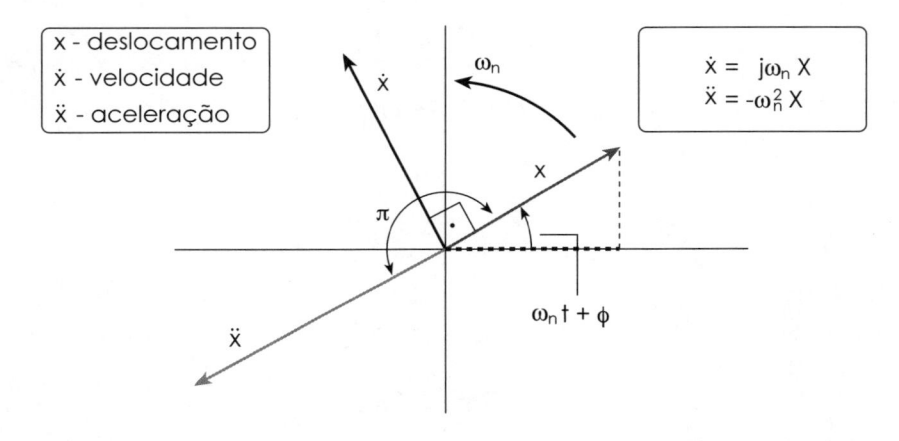

FIGURA 2.13 Representação do deslocamento, velocidade e aceleração por fasores para vibração livre, com um grau de liberdade.

A vibração mecânica pode ser representada por esses vetores que giram com a velocidade angular constante dada pela freqüência natural ω_n. Verifica-se de imediato que as projeções dos vetores no eixo vertical, definidas pelo ângulo instantâneo de cada vetor girante, correspondem aos sinais de deslocamento, velocidade ou aceleração do movimento da massa. Note-se que multiplicar um vetor girante pelo imaginário j é o mesmo que girar o vetor por um ângulo de 90°.

Na Sec. 2.2, vamos inserir um elemento adicional, o amortecimento nas vibrações livres.

2.2 VIBRAÇÕES LIVRES COM AMORTECIMENTO PARA UM GRAU DE LIBERDADE

No esquema da Fig. 2.14 aparece acrescentado um elemento que denota um amortecedor mecânico, representando o efeito da força resistente dada por (2.2). O amortecedor atua paralelamente à mola, de modo que a equação diferencial resultante por aplicação direta da segunda lei de Newton é dada pela expressão (2.20), na qual $F(t)$ da expressão (2.4) foi considerada igual a zero, tratando-se de vibrações livres:

$$M\ddot{x} + c\dot{x} + Kx = 0, \tag{2.20}$$

com CI dadas por:

$$x(t = 0_+) = x_0$$

e $\hspace{6cm}$ (2.21)

$$\dot{x}(t = 0_+) = \dot{x}_0.$$

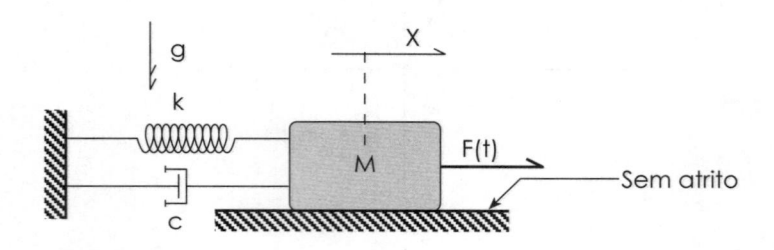

FIGURA 2.14 Sistema vibratório com amortecimento e um grau de liberdade – representação com amortecedor.

A solução pelo método da transformada de Laplace é obtida considerando-se CI não-nulas:

$$L\{M\ddot{x} + c\dot{x} + Kx\} = 0; \tag{2.22}$$

ou

$$M\left(s^2 X(s) - x_0 s - \dot{x}_0\right) + c\left(sX(s) - x_0\right) + KX(s) = 0, \tag{2.23}$$

ou,

$$X(s) = \frac{Ms \cdot x_0 + cx_0 + M\dot{x}_0}{Ms^2 + cs + K}. \tag{2.24}$$

Verifica-se que a forma da solução procurada vai depender das raízes da equação característica $D(s) = 0$, isto é:

$$s^2 + \left(\frac{c}{M}\right)s + \frac{K}{M} = 0. \tag{2.25}$$

Sendo $\omega_n^2 = K/M$ e definindo o parâmetro ζ (zeta) $= \frac{1}{2}(c/M\omega_n)$, que passaremos a chamar de *fator de amortecimento*, constante real, positiva, a expressão (2.25) pode ser escrita como:

$$s^2 + 2\zeta\omega_n s + \omega_n^2 = 0. \tag{2.26}$$

Conforme os valores de ζ, as raízes da equação de segundo grau são:

$$0 < \zeta < 1 : s = -\zeta\omega_n \pm j\omega_n\left(1 - \zeta^2\right)^{1/2}, \tag{2.27}$$

$$\zeta > 1 : s = -\zeta\omega_n \pm \omega_n\left(\zeta^2 - 1\right)^{1/2}. \tag{2.28}$$

No primeiro caso as duas raízes são complexas, com o termo real negativo. No segundo caso, o segundo termo é menor em módulo que o primeiro e, portanto, as duas raízes serão distintas e negativas.

Há ainda um terceiro caso, em que as duas raízes coincidem (para $\zeta = 1$). As raízes são negativas iguais a $-\zeta\,\omega_n$. O valor de c para o qual $\zeta = 1$ chama-se *coeficiente de amortecimento crítico*, sendo indicado por c_{cr}; denota-se por ζ_{cr}, o fator de amortecimento correspondente.

A tabela de transformadas do apêndice distingue os três casos, de modo que precisamos considerá-los separadamente.

Primeiro caso

Chamaremos este caso $(0 < \zeta < 1)$ de *regime subcrítico* de vibração livre. De (2.24), verificamos que a transformada $X(s)$ pode ser escrita

$$X(s) = \frac{\left(s + 2\zeta\omega_n\right)x_0}{s^2 + 2\zeta\omega_n \cdot s + \omega_n^2} + \frac{\dot{x}_0}{s^2 + 2\zeta\omega_n \cdot s + \omega_n^2},$$

ou

$$X(s) = \frac{\left(s + \zeta\omega_n\right)x_0}{\left(s + \zeta\omega_n\right)^2 + \omega_n^2\left(1 - \zeta^2\right)} + \frac{\zeta\omega_n x_0 + \dot{x}_0}{\left(s + \zeta\omega_n\right)^2 + \omega_n^2\left(1 - \zeta^2\right)}. \tag{2.29}$$

Para $0 < \zeta < 1$, a antitransformada, fornecida pela Tab. I, dá

$$x(t) = x_0 e^{-\zeta\omega_n t}\cos\left[\omega_n\left(1 - \zeta^2\right)^{1/2}\right]t +$$

$$+ \frac{\zeta\omega_n x_0 + \dot{x}_0}{\omega_n\left[\left(1 - \zeta^2\right)^{1/2}\right]} \cdot e^{-\zeta\omega_n t}\,\mathrm{sen}\left[\omega_n\left(1 - \zeta^2\right)^{1/2}\right]t. \tag{2.30}$$

Denotando

$$a = \left(1 - \zeta^2\right)^{1/2} \quad \text{e} \quad v = \zeta\omega_n = \frac{\zeta\omega_d}{a},$$

chega-se finalmente a

$$x(t) = e^{-vt}\left[x_0\cos\omega_d t + \left(\frac{vx_0 + \dot{x}_0}{\omega_d}\right)\mathrm{sen}\omega_d t\right], \tag{2.31}$$

ou

$$x(t) = Ae^{-vt}\cos\omega_d t + Be^{-vt}\mathrm{sen}\omega_d t, \tag{2.32}$$

em que

$$A = x_0 \quad \text{e} \quad B = \frac{vx_0 + \dot{x}_0}{\omega_d}.$$

Se definirmos agora

$$D = (A^2 + B^2)^{1/2}$$

então poderemos escrever:

$$x(t) = D \cdot e^{-vt} \ \text{sen} \ (\omega_d t + \phi_0), \tag{2.33}$$

onde

$$\phi_0 = \arctan \ (A/B).$$

A função de resposta $x(t)$ nesse caso é uma função senoidal que oscila com freqüência natural amortecida ω_d e com amplitude que decai exponencialmente com o tempo, devido ao termo $D \cdot e^{-vt}$. No limite, para t infinitamente grande, $x(t)$ tende assintoticamente para zero. Notar que a função evidentemente não é periódica, mas que os deslocamentos nulos ocorrem em instantes diferindo por:

$$T = \frac{2\pi}{\omega_d}, \tag{2.34}$$

chamado de *pseudoperíodo do sinal*. O ângulo de fase ϕ_0 depende apenas de condições iniciais.

O gráfico da Fig. 2.15 mostra o deslocamento da massa em vibração livre amortecida. Derivando a expressão (2.33) e igualando a zero, podemos encontrar os instantes em que as velocidades se anulam e, portanto, o deslocamento máximo em cada ciclo. Desse modo, chegamos à função da envoltória, ou à função dos pontos de máximo e mínimo da resposta.

Essa curva é dada por (2.35) para ϕ_0 nulo, conforme mostrado no Apêndice III:

$$X_e(t) = D\left(1 - \zeta^2\right)^{1/2} e^{-vt}. \tag{2.35}$$

Se tomarmos a razão entre dois valores de pico que ocorrem em instantes sucessivos, teremos, usando (2.35):

$$\frac{X_{\max}\left(t = nT\right)}{X_{\max}\left[t = (n+1)T\right]} = e^{vT}. \tag{2.36}$$

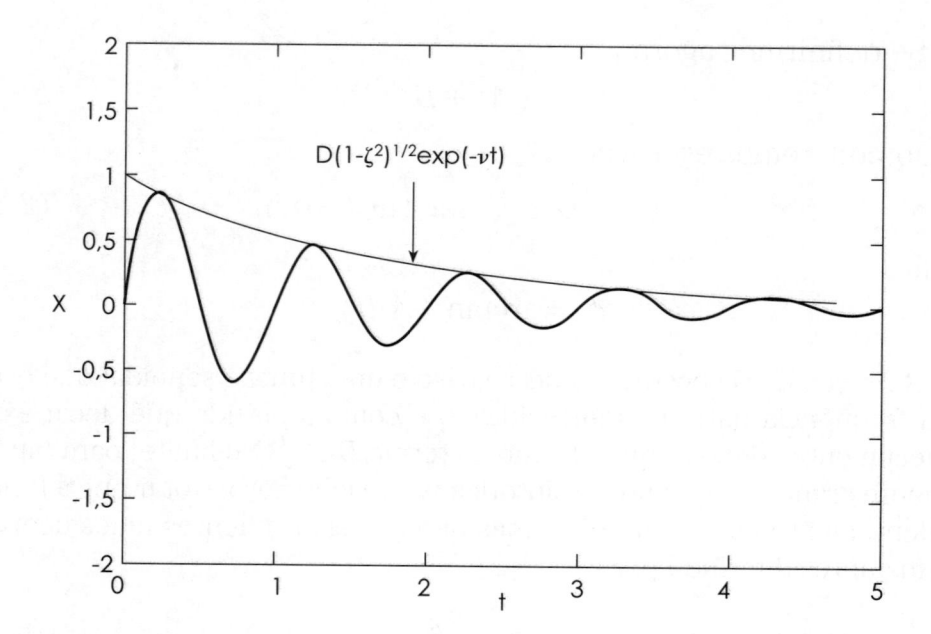

FIGURA 2.15 Deslocamento da massa em vibração livre com amortecimento para um grau de liberdade.

No caso em que ζ é muito pequeno, o termo expoente na exponencial é aproximadamente igual a $2\pi\zeta$. Tomando os logaritmos em (2.36), teremos:

$$\ln \frac{X_{\max}\left(t=nT\right)}{X_{\max}\left[t=(n+1)T\right]}=2\pi\zeta. \qquad (2.37)$$

O parâmetro $\delta = 2\pi\zeta$ é definido como o *decremento logarítmico* da vibração e mede o grau de amortecimento do sistema vibratório nessas condições.

Conhecendo-se a relação de amplitudes entre n ciclos, isto é, $X_{\max(n+1)}/X_{\max(1)} = d$, o decremento logarítmico se relaciona com ζ da forma:

$$d = n\delta = n2\pi\zeta$$

e, portanto,

$$\zeta = \frac{d}{n2\pi}. \qquad (2.38)$$

A expressão (2.38) fornece uma maneira de se obter experimentalmente o fator de amortecimento de um sistema vibratório. Em vibração livre, mede-se a relação entre amplitudes após um grande número de ciclos e calcula-se ζ com a expressão (2.38).

Segundo caso

Neste caso ($\zeta > 1$), denominado *amortecimento supercrítico*, sendo negativas e distintas as raízes s_1 e s_2 da Eq. (2.26), a transformada será dada, como no primeiro caso, pela expressão (2.30), que agora será escrita

$$X(s) = \frac{\left(s + \zeta\omega_n\right)x_0}{\left(s - s_1\right)\left(s - s_2\right)} + \frac{\zeta\omega_n x_0 + \dot{x}_0}{\left(s - s_1\right)\left(s - s_2\right)}.$$

A Tab. AI.1 fornece a transformada inversa a seguir:

$$\frac{1}{\left(s - s_1\right)\left(s - s_2\right)} >>> \frac{1}{\left(s_1 - s_2\right)}\left(e^{s_1 t} - e^{s_2 t}\right). \tag{2.39}$$

Lembrando que ao derivar uma função deve-se multiplicar sua transformada por s, a expressão anterior fornece

$$\frac{s}{\left(s - s_1\right)\left(s - s_2\right)} >>> \frac{1}{\left(s_1 - s_2\right)}\left(s_1 e^{s_1 t} - s_2 e^{s_2 t}\right). \tag{2.40}$$

Como vimos por (2.28), s_1 e s_2 serão:

$$s_1 = -\zeta\omega_n + \omega_n\left(\zeta^2 - 1\right)^{1/2} \quad \text{e} \quad s_2 = -\zeta\omega_n - \omega_n\left(\zeta^2 - 1\right)^{1/2}. \tag{2.41}$$

Teremos:

$$x(t) = Ae^{s_1 t} + Be^{s_2 t}, \tag{2.42}$$

onde

$$A = x_0 - B \quad \text{e} \quad B = \frac{\dot{x}_0 - s_1 x_0}{-2\omega_n\left(\zeta^2 - 1\right)^{1/2}}. \tag{2.43}$$

Observa-se que a resposta compõe-se de duas exponenciais decrescentes com o tempo, com valores iniciais definidos por A e B. Para t tendendo ao infinito, $x(t)$ tende a zero, mais rapidamente quanto maior for o módulo das raízes.

Terceiro caso

Finalmente, o terceiro caso corresponde ao caso crítico ($\zeta = 1$) com duas raízes iguais a

$$-a = -\omega_n. \tag{2.44}$$

A solução $x(t)$ pode ser buscada na Tab. I do Apêndice I, como segue:

$$1/(s+a)^2 \ggg te^{-at} \tag{2.45}$$

e

$$s/(s+a)^2 \ggg -ate^{-at} + e^{-at}. \tag{2.46}$$

Desse modo, a solução $x(t)$ para amortecimento crítico é dada por:

$$x(t) = (At)e^{-\omega_n t} + Be^{-\omega_n t}, \tag{2.47}$$

onde

$$A = \dot{x}_0 + \omega_n x_0 \quad \text{e} \quad B = x_0. \tag{2.48}$$

A segunda parcela é do tipo exponencial, de modo que, com o tempo, diminui assintoticamente a zero, para t tendendo ao infinito. A primeira parcela pode ser entendida como o produto de uma função linear com o tempo por uma exponencial que decai com o tempo. Ainda que A seja positivo, o termo exponencial acaba dominando a resposta e, portanto, prevalece para valores crescentes de t.

2.3 VIBRAÇÕES FORÇADAS PARA UM GRAU DE LIBERDADE

Ao modelo de um grau de liberdade descrito nos capítulos anteriores, vamos acrescentar a força excitadora agindo sobre a massa M, ou seja, $F(t)$.

O modelo matemático corresponderá agora à seguinte equação diferencial:

$$M\ddot{x} + c\dot{x} + Kx = F(t), \tag{2.49}$$

com CI dadas por:

$$\dot{x}(t=0_+) = \dot{x}_0 \quad \text{e} \quad x(t=0_+) = x_0. \tag{2.50}$$

Aplicando a transformada de Laplace, como fizemos anteriormente, obtemos:

$$X(s) = \frac{Msx_0 + cx_0 + M\dot{x}_0}{Ms^2 + cs + K} + \frac{F(s)}{Ms^2 + cs + K}. \tag{2.51}$$

No domínio da transformada, há dois termos distintos: o primeiro, que envolve apenas as CI da vibração, e o segundo, que depende apenas da força excitadora e independe das condições iniciais. Ao inverter para o domínio do tempo, teremos, da mesma forma, um termo que depende apenas das CI e um outro que depende apenas de $F(t)$.

Isso nada mais é do que a manifestação da linearidade nesse modelo matemático. Podemos escrever que a *solução completa* de $x(t)$ pode ser decomposta numa parcela que depende apenas das CI e que é chamada de *solução da equação diferencial homogênea* [fazendo $F(t)$ igual a zero em (2.49)], e de uma outra, que depende da força excitadora, e que é chamada de *solução forçada* ou *particular* do sistema vibratório.

A solução da equação pode ser escrita:

$$x(t) = x_h(t) + x_f(t). \tag{2.52}$$

A solução da homogênea $x_h(t)$ já foi obtida anteriormente e é dada pelas expressões (2.33), (2.42), (2.47) conforme o valor do fator de amortecimento.

A solução forçada pode ser obtida admitindo-se que as CI são nulas e que apenas a função de forçamento $F(t)$ aparece no modelo, ou seja:

$$M\ddot{x} + c\dot{x} + Kx = F(t), \tag{2.53}$$

com CI dadas por:

$$x(t = 0_+) = 0 \quad \text{e} \quad \dot{x}(t = 0_+) = 0 \tag{2.54}$$

Aplicando a transformada de Laplace, temos:

$$X(s) = \frac{F(s)}{Ms^2 + cs + K}. \tag{2.55}$$

O termo $1/(Ms^2 + cs + K)$ é a função de transferência do sistema entrada e saída, obtida para condições iniciais nulas.

Essa parcela da resposta de $x(t)$ só poderá ser obtida se particularizarmos a excitação para uma função específica do tempo – por exemplo, assumindo que $F(t)$ é um pulso de duração finita, conforme mostrado na Fig. 2.16, ou, ainda, que a função $F(t)$ é constituída por uma forma de onda triangular de duração infinita. Há normalmente interesse em se estudar a vibração quando o sistema mecânico é submetido a um sinal medido em campo, como exemplificado na Fig. 2.17.

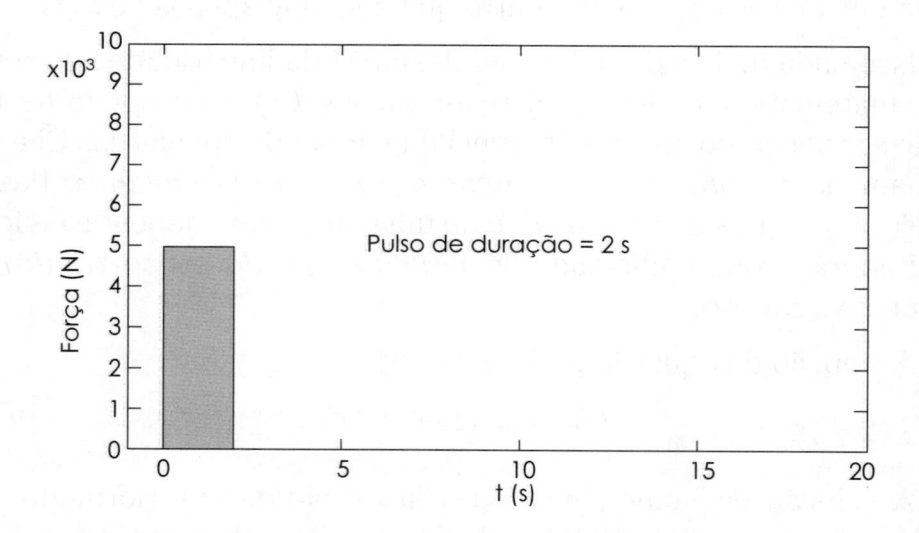

FIGURA 2.16 Excitação na forma de um pulso de duração finita.

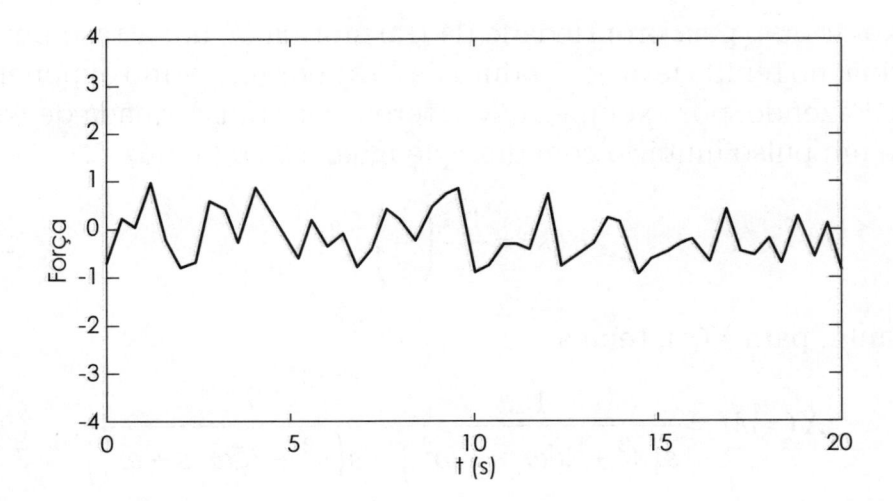

FIGURA 2.17 Exemplo de um sinal de excitação medido em campo.

A título de exemplo, assumindo que a forma do sinal é um pulso do tipo mostrado na Fig. 2.18, teremos, por composição de dois sinais, um degrau unitário positivo em $t = 0$ e um degrau unitário negativo ocorrendo no instante $t = a$.

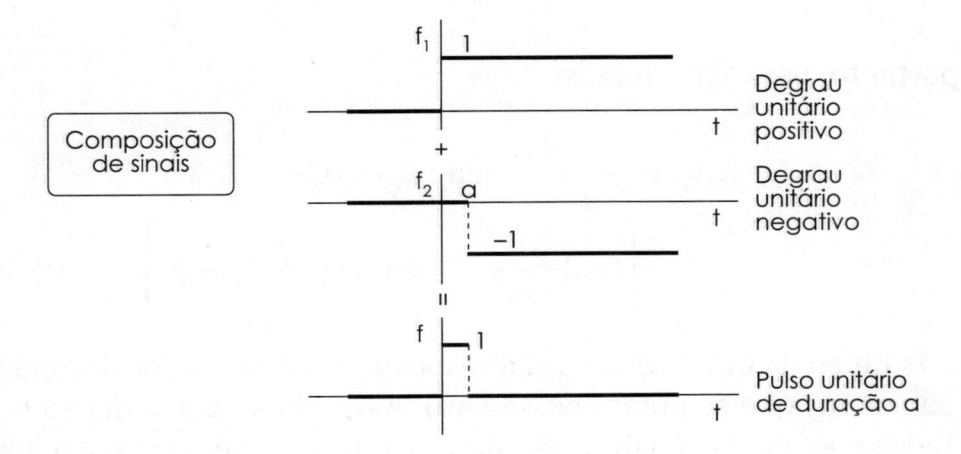

FIGURA 2.18 Composição de sinais primitivos de degrau unitário para formar uma função do tempo tipo pulso.

Notar que, pela propriedade da transformada, um atraso puro de um sinal no tempo leva ao produto da $F(s)$ por um termo exponencial em s. Fazendo, por exemplo, $a = 2$, teremos a transformada de Laplace de um pulso unitário com duração igual a 2 segundos:

$$F(s) = \frac{1}{s} - \left(\frac{1}{s}\right) e^{-2s}. \tag{2.56}$$

Portanto, para $X(s)$, temos:

$$X(s)M = \frac{1}{s\left(s^2 + 2\zeta\omega_n s + \omega_n^2\right)} - \frac{e^{-2s}}{s\left(s^2 + 2\zeta\omega_n s + \omega_n^2\right)}. \tag{2.57}$$

Para o caso de amortecimento subcrítico, a Tab. I de transformadas do Apêndice I fornece:

$$\frac{\omega_n^2}{s\left(s^2 + 2\zeta\omega_n s + \omega_n^2\right)} >>> 1 - \frac{1}{a} e^{-vt} \operatorname{sen}\left(\omega_d t + \phi\right),$$

onde

$$a = (1 - \zeta)^{1/2}, \quad v = \zeta\omega_n \quad \text{e} \quad \phi = \arctan \frac{a}{\zeta}$$

e, portanto, para $x_f(t)$ temos:

$$x_f(t)M\omega_n^2 = 1 - \frac{1}{a} e^{-vt} \operatorname{sen}\left(\omega_d t + \phi\right) -$$

$$- \left[t - 2 - \frac{1}{a} e^{-vt-2} \operatorname{sen}\left(\omega_d(t-2) + \phi\right) \right]. \tag{2.58}$$

O gráfico da Fig.2.19 mostra a resposta da vibração (deslocamento da massa) que se obtém nesse caso. Assumiu-se que a massa tem CI nulas e sobre a ação do pulso de força. Notar que, cessada a ação da força transitória, o sistema tende a retornar à sua posição de equilíbrio.

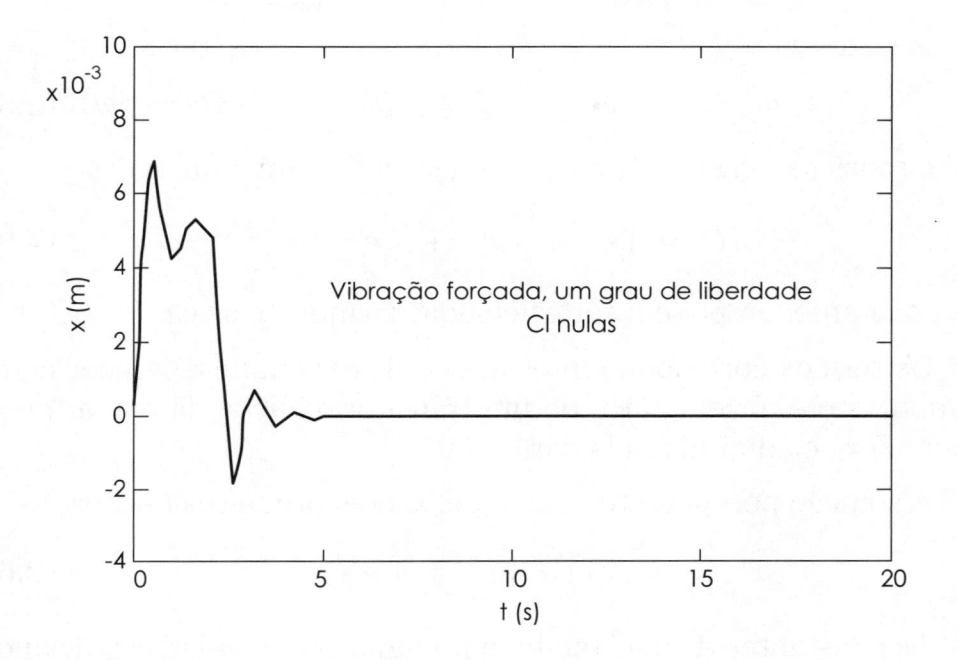

FIGURA 2.19 Resposta do deslocamento da massa para uma função força excitadora na forma de um pulso de duração igual a 2 s.

Um caso muito importante, em sistemas vibratórios, ocorre para funções excitadoras periódicas do tipo senoidal com amplitude constante e freqüência de excitação ω. A expressão é dada por:

$$F(t) = F_e \operatorname{sen} \omega t. \tag{2.59}$$

A transformada de Laplace fornece:

$$\frac{\omega}{s^2 + \omega^2} \ >>> \ \operatorname{sen} \omega t. \tag{2.60}$$

Portanto temos:

$$X(s)M\omega_n^2 = \frac{\omega\omega_n^2}{\left(s^2 + 2\zeta\omega_n s + \omega_n^2\right)\left(s^2 + \omega^2\right)}. \tag{2.61}$$

O denominador de (2.61) pode ser reescrito como:

$$s^4 + 2\zeta\omega_n s^3 + \left(\omega_n^2 + \omega^2\right)s^2 + 2\zeta\omega_n\omega^2 s + (\omega_n\omega)^2, \tag{2.62}$$

cujas raízes são:

$$s_1 = +j\omega; \quad s_2 = -j\omega; \quad s_3 = -\zeta\omega_n + j\omega_d; \quad s_4 = -\zeta\omega_n - j\omega_d. \quad (2.63)$$

Com todas as raízes distintas, a solução $x(t)$ será dada por:

$$x(t) = A_1 e^{s_1 t} + A_2 e^{s_2 t} + A_3 e^{s_3 t} + A_4 e^{s_4 t}. \quad (2.64)$$

As constantes A_i podem ser calculadas usando-se as CI.

Os termos correspondentes a A_3 e A_4 devem desaparecer com o tempo, isto é, fazem parte de um transitório inicial, já que a função excitadora é admitida nula para $t < 0$.

A solução permanente é dada pelos dois primeiros termos:

$$x(t) = A_1 e^{s_1 t} + A_2 e^{s_2 t}. \quad (2.65)$$

As constantes A_1 e A_2 também poderão ser calculadas igualando-se as transformadas de Laplace dos dois membros da Eq. (2.65):

$$X(s) = \frac{A_1}{s_1 - s} + \frac{A_2}{s_2 - s},$$

de onde

$$A_1 = (s_1 - s)X(s) - \frac{A_2(s_1 - s)}{s_2 - s}.$$

Como A_1 é constante, seu valor pode ser obtido dando-se a s qualquer valor

Fazendo, na expressão anterior, $s_1 = s$, obtemos:

$$A_1 = \left[(s_1 - s)X(s)\right]_{(s=s_1)}.$$

Analogamente, obtém-se

$$A_2 = \left[(s_2 - s)X(s)\right]_{(s=s_2)}.$$

ou

$$A_1 = (s - j\omega)X(s)\big|_{s=j\omega} \quad \text{e} \quad A_2 = (s + j\omega)X(s)\big|_{s=-j\omega}. \quad (2.66)$$

Ora, para $s = j\omega$, o denominador resulta:

$$\left(-\omega^2 + j2\zeta\omega_n\omega + \omega_n^2\right)(j2\omega). \tag{2.67}$$

E, para $s = -j\omega$, o denominador resulta:

$$\left(-\omega^2 - j2\zeta\omega_n\omega + \omega_n^2\right)(-j2\omega). \tag{2.68}$$

Portanto $x(t)$ se torna:

$$x(t) = \frac{e^{s_1 t}}{\left(-\omega^2 + j2\zeta\omega_n\omega + \omega_n^2\right)(j2\omega)} +$$

$$+ \frac{e^{s_2 t}}{\left(-\omega^2 - j2\zeta\omega_n\omega + \omega_n^2\right)(-j2\omega)}. \tag{2.69}$$

O termo $(-\omega^2 + j2\zeta\omega_n\omega + \omega_n^2)$ pode ser escrito como complexo com magnitude e fase:

$$\mathrm{Mag} = \left[\left(-\omega^2 + \omega_n^2\right)^2 + \left(2\zeta\omega_n\omega\right)^2\right]^{-1/2} \tag{2.70}$$

e

$$\phi = \frac{\arctan 2\zeta\omega_n\omega}{-\omega^2 + \omega_n^2}. \tag{2.71}$$

Para o termo $(-\omega^2 - j2\zeta\omega_n\omega + \omega_n^2)$ teremos a mesma magnitude, e o ângulo de fase terá sinal negativo, dado por $-\phi$. Resulta, portanto,

$$x(t) = \mathrm{Mag}\ e^{(\omega t - \phi)j} + \mathrm{Mag}\ e^{-(\omega t - \phi)j}. \tag{2.72}$$

Isto é:

$$x(t) = \mathrm{Mag}\ \cos(\omega t - \phi). \tag{2.73}$$

Fazendo $r = \omega/\omega_n$, teremos:

$$\mathrm{Mag} = \frac{1}{\left[\left(1 - r^2\right)^2 + 4\zeta^2 r^2\right]^{1/2}} \tag{2.74}$$

e

$$\phi = \frac{2\zeta r}{1 - r^2}. \tag{2.75}$$

Notar que a vibração permanente para uma função excitadora senoidal resulta numa função senoidal de mesma freqüência, com amplitude Mag que depende de r e de ζ, isto é, da relação das freqüências de excitação e natural e do fator de amortecimento. A fase também depende dos mesmos parâmetros e, portanto, ocorre um atraso da resposta em relação à excitação.

Para o caso $\zeta = 0$, isto é, sem amortecimento, Mag = $1/(1 - r^2)$, e a fase assume valores 0 ou π dependendo se $r < 1$ (freqüências de excitação inferiores à freqüência natural) ou $r > 1$ (caso contrário). Para r próximo de 1 verifica-se que Mag cresce sobremaneira e, no caso-limite para $r = 1$, *assume valor infinito.*

Os gráficos da Fig. 2.20 mostram as curvas de Mag e da fase ϕ em função do parâmetro ζ e em função de r. A magnitude Mag é também denominada *fator de amplificação dinâmica* da vibração. Pelo gráfico, verifica-se que, próximo de $r = 1$, a fase tende a ficar próxima de $\pi/2$ rad, isto é, a resposta está em quadratura de fase com a excitação. Para freqüências de excitação muito elevadas com relação à freqüência natural ($r \gg 1$), a magnitude tende a zero, e a fase a π rad, isto é, a resposta está em oposição de fase com a excitação. As freqüências de pico da curva de Mag correspondentes a freqüências de excitação ω_r são denominadas *freqüências de ressonância.* Essas freqüências são próximas da freqüência natural para valores pequenos de ζ.

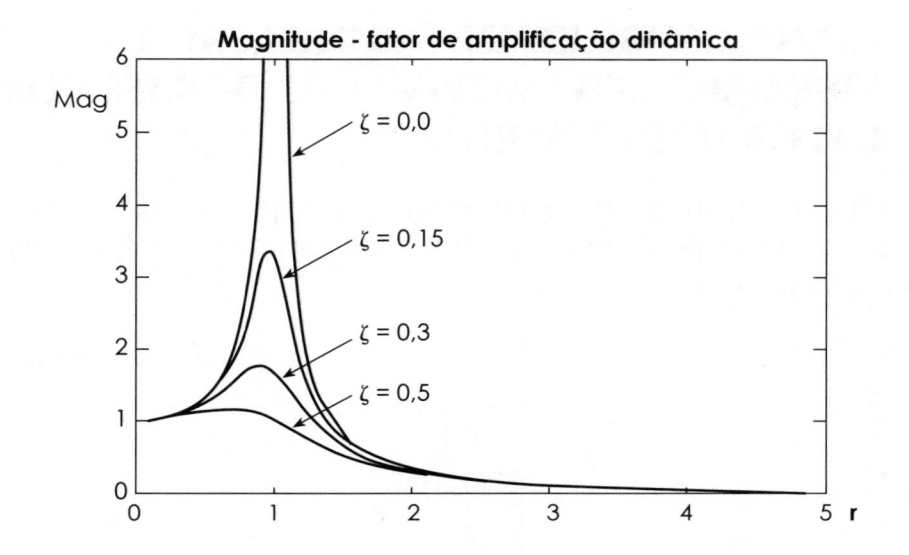

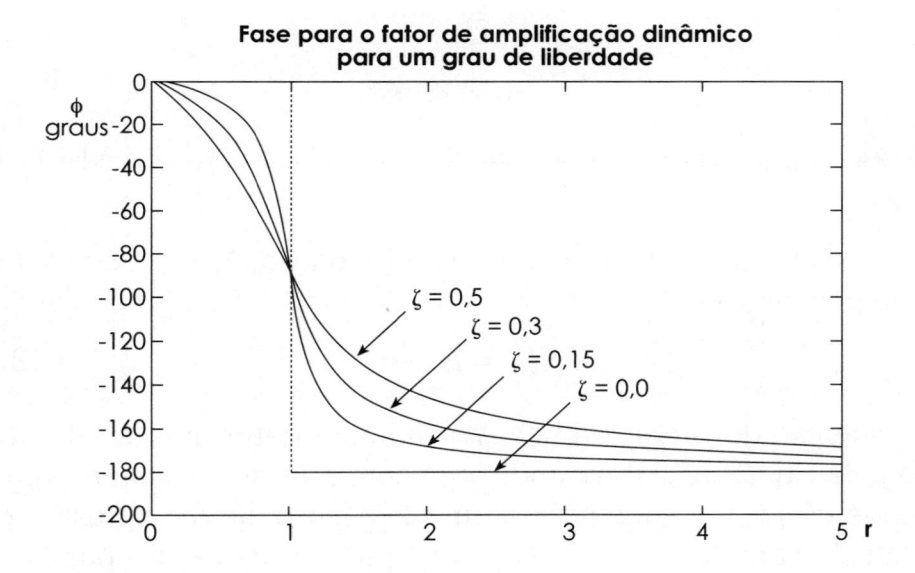

FIGURA 2.20 Curvas de magnitude e fase em função da razão *r* das freqüências de excitação e natural para vibração forçada por função tipo senoidal.

2.4 TRANSMISSIBILIDADE À FUNDAÇÃO E VIBRAÇÃO COM MOVIMENTO DE BASE COM UM GRAU DE LIBERDADE

O sistema com um grau de liberdade visto na Fig. 2.21 apresenta vibração forçada pela força $F(t)$ aplicada à massa, de tipo senoidal, com freqüência de excitação ω e amplitude F_0.

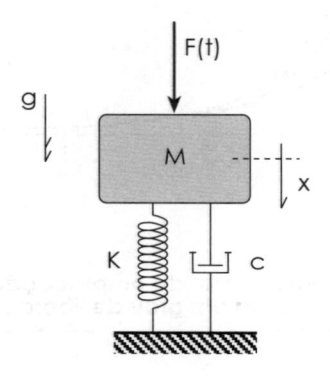

FIGURA 2.21 Sistema vibratório com força aplicada na massa e fundação fixa.

A força total transmitida à base ou fundação, $F_{tr}(t)$, pode ser calculada pela expressão:

$$F_{tr}(t) = Kx + c\dot{x}. \tag{2.76}$$

A solução do problema de vibração para determinação de $x(t)$ é dado pela Eq. (2.73). Derivando $x(t)$ com relação a t, obtém-se a velocidade $\dot{x}(t)$ e, por substituição em (2.76), teremos a expressão para o cálculo da amplitude da força $F_{tr}(t)$, que designaremos por F_{tr}.

É conveniente normalizar a amplitude da força transmitida pela expressão:

$$T_r = \frac{F_{tr}}{F_0}. \tag{2.77}$$

A equação que se obtém para T_r em função da freqüência de excitação normalizada é dada por:

$$T_r = \left[\frac{1 + 4\zeta^2 r^2}{\left(1 - r^2\right)^2 + 4\zeta^2 r^2} \right]^{1/2}. \tag{2.78}$$

O gráfico da Fig. 2.22 mostra as *curvas da transmissibilidade* em função de r e parametrizadas para valores de ζ.

Notar que, para baixas freqüências ($r < 1{,}41$), a amplitude da força transmitida à base é sempre maior do que a situação em que a força de excitação é aplicada estaticamente ($T_r = 1$). Para cada fator de amortecimento, o valor máximo da força transmitida ocorre próximo à freqüência natural do sistema (ressonância). Todas as curvas passam pela freqüência correspondente a $r = 1{,}41$.

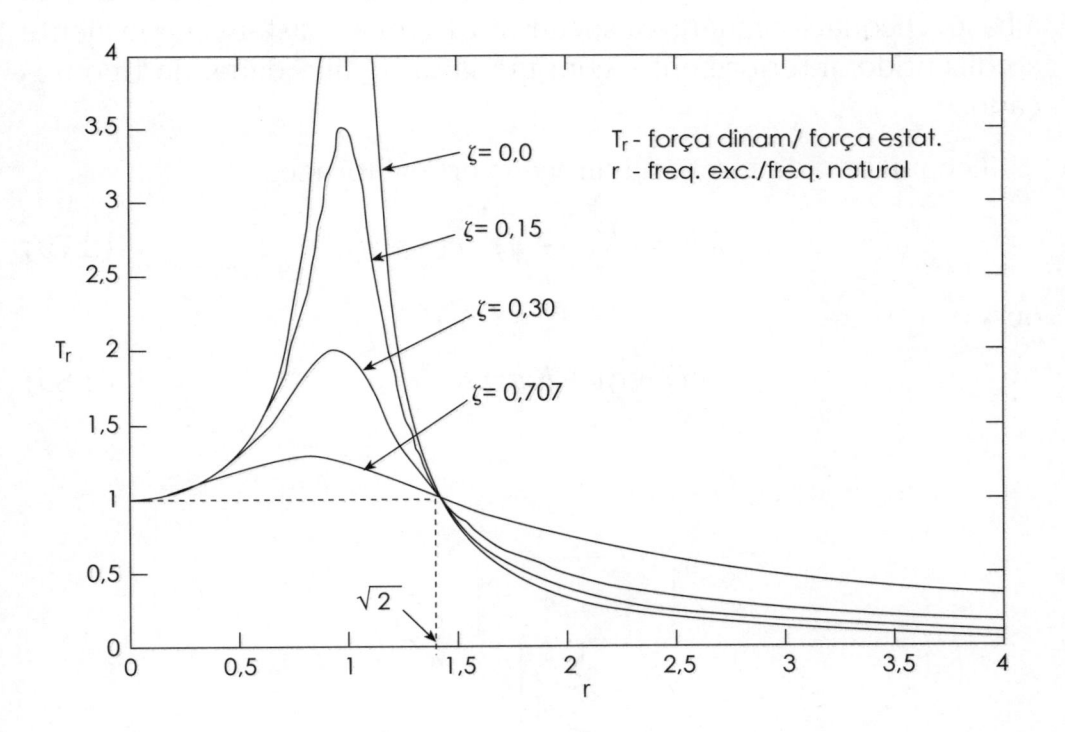

FIGURA 2.22 Transmissibilidade da fonte de vibração para a fundação.

Se um sistema de isolamento for utilizado para reduzir a vibração transmitida entre a massa, onde a fonte de vibração está aplicada, e a base, os elementos de isolação deverão ser tais que o conjunto massa-mola-amortecedor tenha freqüência de ressonância tal que $r > 1,41$.

A situação da Fig. 2.23 é a de um sistema vibratório representado por uma massa, uma mola e um amortecedor, fixos a uma base (fundação) que pode apresentar movimento, nesse caso se deslocando segundo uma função $y(t)$ em relação a um referencial fixo, independente da vibração $x(t)$ resultante do sistema. Embora duas coordenadas, x e y, apareçam na representação desse modelo, a vibração se caracteriza por apenas uma coordenada, ou seja, $x(t)$. Daí o sistema ser, de fato, de um grau de liberdade. O movimento da base introduz na realidade uma função de forçamento ao sistema, não diretamente por uma força $F(t)$, mas pelo deslocamento da massa relativamente à base. O equacionamento a seguir mostra que o sistema equivalente ao discutido anteriormente, com um grau de liberdade, do tipo forçado.

O equilíbrio de forças na direção vertical fornece:

$$M\ddot{x} = -K(x-y) - c(\dot{x}-\dot{y}). \tag{2.79}$$

ou

$$M\ddot{x} + c\dot{x} + Kx = Ky + c\dot{y}. \tag{2.80}$$

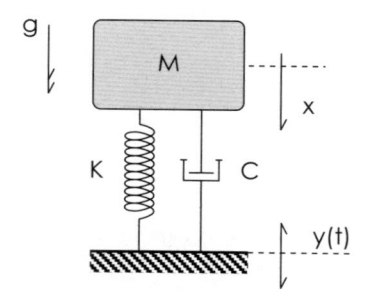

FIGURA 2.23 Sistema vibratório com movimento de base – um grau de liberdade.

Como, $y(t)$ e, portanto, $\dot{y}(t)$ são apenas funções do tempo e não da resposta $x(t)$, o sistema pode ser tratado como vibração forçada, em que $F(t) = ky(t) + c\dot{y}(t)$.

Notar que a *força transmitida à base* é calculada nesse caso por:

$$F_{tr} = K(x - y) + c(\dot{x} - \dot{y}). \tag{2.81}$$

Um outro caso de interesse é o cálculo da força transmitida à base por um movimento de deslocamento senoidal dado por:

$$y(t) = y_0 \ \text{sen} \ \omega_f t. \tag{2.82}$$

A determinação da resposta $x(t)$ em regime permanente pode ser obtida facilmente pelo princípio da superposição, como se a resposta fosse composta de dois termos: o primeiro correspondente ao sistema da Eq. (2.53), com a força dada por (Ky_0) sen $\omega_f t$, cuja solução é dada pela Eq. (2.73), com $F_0 = (Ky_0)$; e o segundo termo correspondente ao mesmo sistema, com a força dada por $(c\omega_f \cdot y_0)$ cos $\omega_f t$.

A solução para o segundo termo, para a magnitude, é essencialmente a mesma dada pela Eq. (2.74), onde $F_0 = (c\omega_f \cdot y_0)$, porém com a fase ϕ [Eq. (2.75)] aumentada em $+\pi/2$ rad, para levar em conta a troca do seno pelo co-seno. Calculado $x(t)$ pelo método de vibração forçada de um grau de liberdade, a força transmitida à base em função da freqüência excitadora ω_f da base pode ser imediatamente determinada pela Eq. (2.81).

2.5 EXEMPLOS DE SISTEMAS LIVRES COM UM GRAU DE LIBERDADE

2.5.1 Associação de molas em paralelo

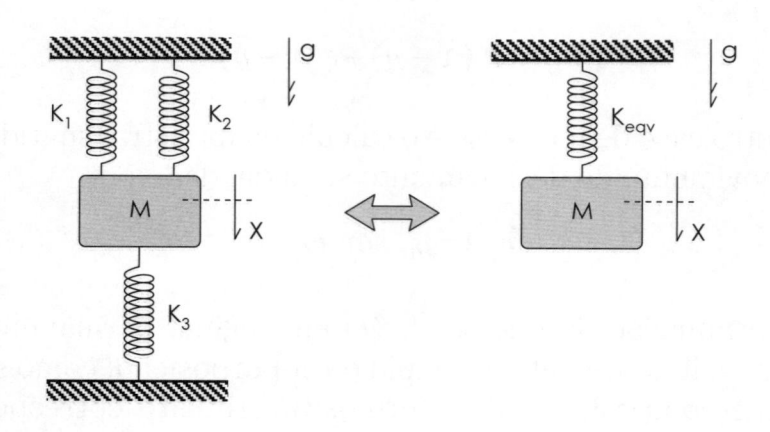

FIGURA 2.24

Força total das molas:

$$F_m = K_{eq}\, x,$$

mas

$$F_m = K_1 x + K_2 x + K_3 x,$$

portanto,

$$F_m = \left(K_1 + K_2 + K_3\right) x$$

ou

$$K_{eq} = \left(K_1 + K_2 + K_3\right)$$

(associação de molas em paralelo ou com mesmo deslocamento).

Em geral, $K_{eq} = \Sigma K_i$, onde n é o número de molas em paralelo.

2.5.2 Associação de molas em série

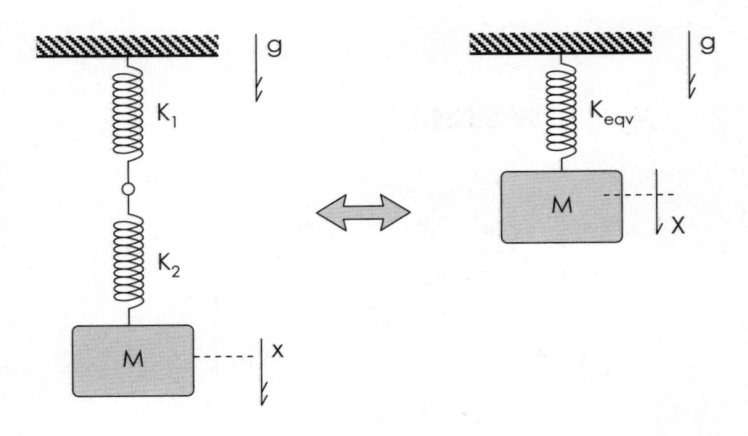

FIGURA 2.25

Nesse caso é fácil mostrar que a força nas molas se igualam, mas as deformações se somam. Portanto as constantes de mola se combinam, de modo que:

$$x = \delta_1 + \delta_2,$$

mas

$$F_{m_1} = F_{m_2} = K_{eq} \cdot x.$$

Por outro lado,

$$F_{m_1} = K_1 \cdot \delta_1 \quad \text{e} \quad F_{m_2} = K_2 \cdot \delta_2.$$

Portanto

$$K_{eq} = \frac{K_1 \cdot K_2}{K_1 + K_2}$$

(associação de molas em série).

Em geral,

$$K_{eq} = \frac{\Pi K_i}{\Sigma K_i}.$$

2.5.3 PÊNDULO SIMPLES – EQUAÇÃO DO MOVIMENTO E FREQÜÊNCIA NATURAL

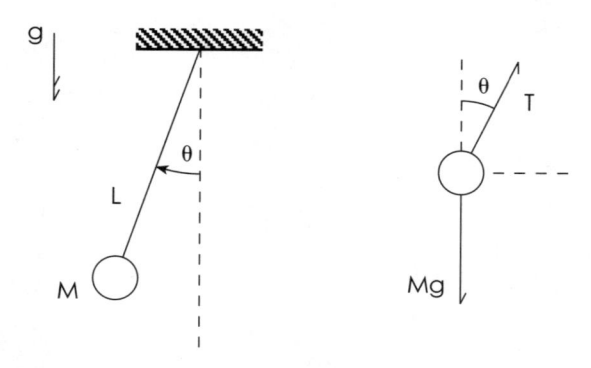

FIGURA 2.26

Admite-se:

- Pêndulo simples com massa pontual M e comprimento L.
- Movimento plano no campo gravitacional com aceleração gravitacional g.

Pelo Teorema do Momento Angular (TMA):

$$J_0\dot{\omega} = -MgL\,\mathrm{sen}\,\theta,$$

mas

$$\dot{\omega} = \ddot{\theta} \quad e \quad J_0 = ML^2$$

ou

$$ML^2\ddot{\theta} + MgL\,\mathrm{sen}\,\theta = 0.$$

Para pequenas oscilações do pêndulo em torno do equilíbrio, pode-se aproximar:

$$\mathrm{sen}\,\theta \approx \theta;$$

portanto

$$\ddot{\theta} + \frac{g}{L}\theta = 0.$$

Definindo $\omega_n^2 = g/L$ ou $\omega_n = (g/L)^{1/2}$, esta será a freqüência natural do período do pêndulo simples no campo gravitacional de intensidade g.

Notar que o período T é dado por $2\pi/\omega_n$ ou $T = 2\pi(L/g)^{1/2}$, proporcional à raiz quadrada do comprimento e independente da massa do pêndulo.

2.5.4 Pêndulo Torcional

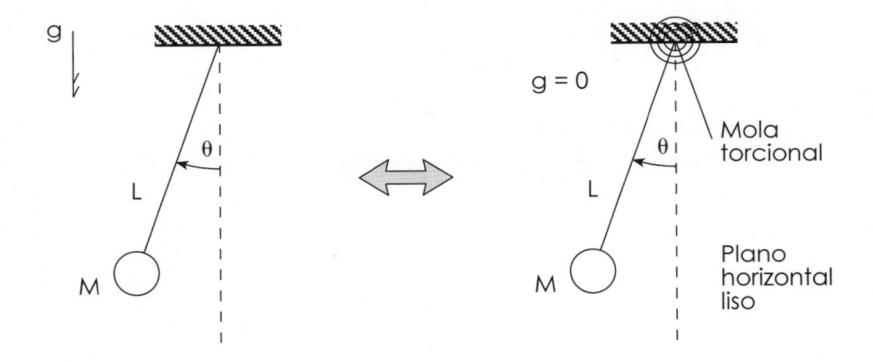

FIGURA 2.27

Pelo TMA:

$$ML^2\ddot{\theta} = -K_T\theta$$

ou

$$\ddot{\theta} + \frac{K_T}{ML^2}\theta = 0.$$

Fazendo $K_T = MgL$, teremos uma equivalência entre mola torcional e "mola" gravitacional.

2.5.5 EQUIVALÊNCIA ENTRE O MOVIMENTO DO PÊNDULO SIMPLES E O DE UMA MASSA M COM DESLOCAMENTO HORIZONTAL

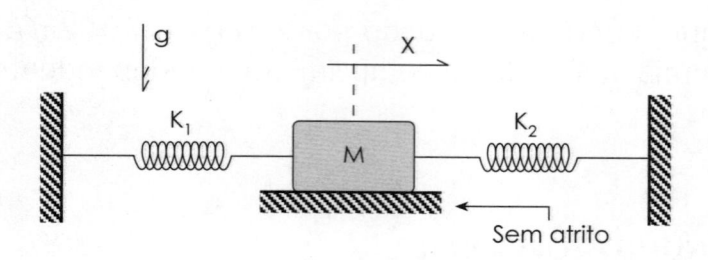

FIGURA 2.28

Temos:

$$M\ddot{x} + \left(K_1 + K_2\right)x = 0 \quad \text{com} \quad K_1 = K_2 = K.$$

Assim:

$$\ddot{x} + \frac{2K}{M}x = 0.$$

Sendo $x \approx L\theta$ para pequenos ângulos e $\ddot{x} \approx L\ddot{\theta}$. temos

$$L\ddot{\theta} + \frac{2K}{M}L\theta = 0$$

ou

$$\ddot{\theta} + \frac{2K}{M}\theta = 0.$$

Fazendo

$$\frac{2K}{M} = gL \quad \rightarrow \quad K\frac{1}{2}\frac{Mg}{L}.$$

2.5.6 Vibração torcional em sistema eixo/disco

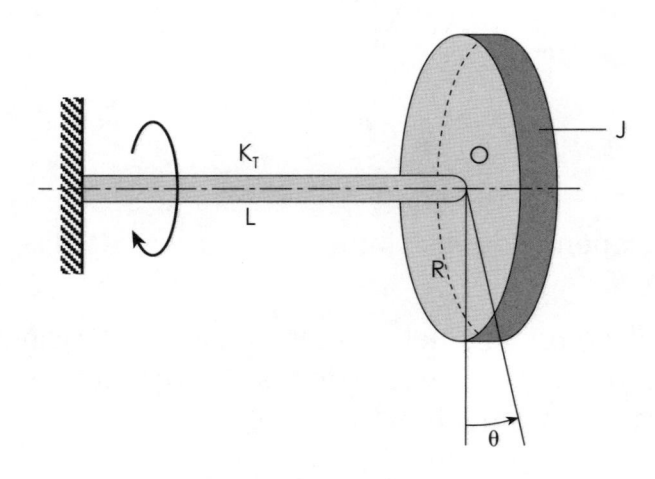

FIGURA 2.29

Admite-se que:

a) toda a inércia rotacional está concentrada no disco (volante);

b) toda a deformabilidade por torção se deve ao eixo; a constante de mola é associada à flexibilidade torcional do eixo.

Da Resistência dos Materiais pode-se calcular a constante de mola torcional do eixo em função de parâmetros geométricos deste e do material, através do *módulo de elasticidade* de cisalhamento (G), dado por:

$$K_T = \frac{GI}{L},$$

sendo I o módulo de inércia da seção do eixo.

Para um eixo cilíndrico de seção circular homogênea:

$$I = \frac{1}{2}\pi R^4.$$

Pelo TMA:

$$J_0\dot{\omega} = K_T\theta,$$

mas

$$\dot{\omega} = \ddot{\theta}.$$

Portanto

$$\ddot{\theta} + \frac{K_T}{J_0}\theta = 0.$$

Notar que J_0 depende da distribuição de massas do disco em relação ao seu centro O.

Para um disco homogêneo circular, $J_0 = \tfrac{1}{2} MR^2$, onde M e R são respectivamente a massa e o raio do disco. Portanto a freqüência natural de vibração é calculada por:

$$\omega_n^2 = \frac{2K_T}{MR^2}.$$

2.5.7 OSCILAÇÃO DE LÍQUIDO EM TUBO COM FORMA DE U

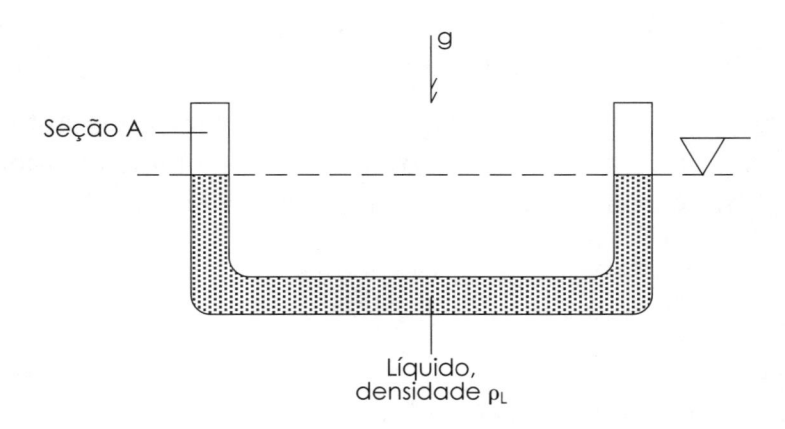

FIGURA 2.30

O tubo de comprimento L, em forma de U e aberto para a atmosfera nas extremidades, contém líquido homogêneo de densidade ρ_L. A oscilação do líquido ocorre no plano vertical, sob ação da gravidade, a partir de uma cota de equilíbrio, como se vê na Fig. 2.30.

Admitir deslocamento uniforme da coluna líquida, sem atrito ou dissipação de energia.

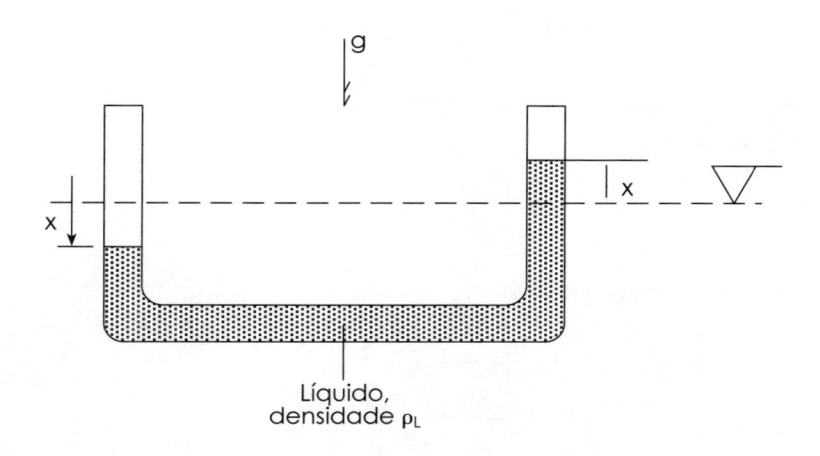

FIGURA 2.31

- Energia cinética da coluna líquida $\rightarrow E_c = \dfrac{1}{2}m\dot{x}^2$, sendo:

    $m = \rho_L \cdot AL$;
    A = área de seção;
    L = comprimento molhado do tubo.

- Energia potencial para um deslocamento $x \rightarrow E_p = \tau_F$

$$\tau_F = \int_0^x F \cdot dx = \int_0^x \left(\rho_L g \cdot A\right) 2x \cdot dx,$$

sendo F a força por diferença de pressão entre as cotas das extremidades A e B da coluna líquida, de altura $2x$, já que $F = (\rho_L g\, 2x)A$:

$$\tau_F = (\rho_L g \cdot A)x^2.$$

Como $E_c + E_p = \bar{E}$, sendo $\bar{E}$ energia mecânica total, constante em qualquer instante t, portanto

$$\frac{1}{2}m\dot{x}^2 + \left(\rho_L g \cdot A\right)x^2 = \bar{E}.$$

Derivando em relação ao tempo membro a membro a expressão anterior e observando que a derivada da constante $\bar{E}$ é igual a zero, temos:

$$\left(m\ddot{x}+2\left(\rho_L g\cdot A\right)x\right)\dot{x}=0.$$

Como $\dot{x}$ deve ser diferente de zero, exceto possivelmente em alguns instantes do movimento, para que haja oscilação, necessariamente:

$$\left(m\ddot{x}+2\left(\rho_L g\cdot A\right)x\right)=0.$$

Mas $m = \rho_L AL$ e, portanto,

$$\ddot{x}+\frac{2g}{L}x=0,$$

ou

$$\omega_n^2 = \frac{2g}{L}.$$

2.5.8 Movimento vertical de corpo flutuante

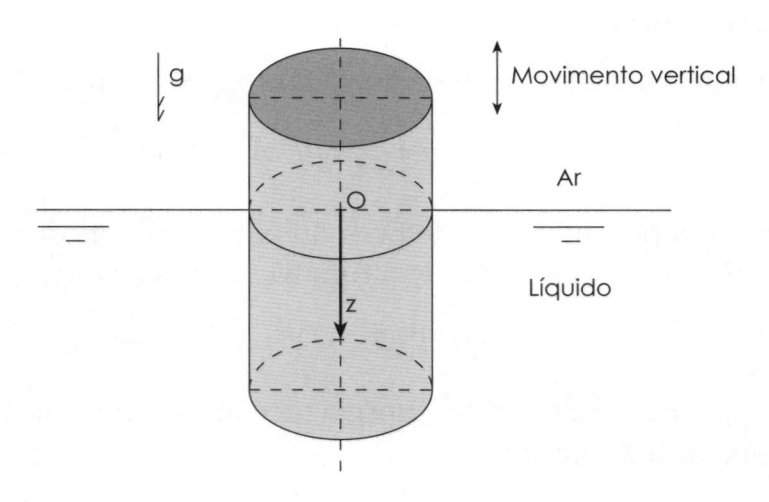

FIGURA 2.32

Admitir:

- corpo cilíndrico, de seção circular A, comprimento L e massa M;

- líquido de densidade ρ_L.

A densidade do corpo é $\rho_M = M/AL$.

Para deslocamentos do corpo para baixo, adotando z positivo (afundamento) em relação a uma posição de equilíbrio (corpo flutuando livremente), temos, pelo *princípio de Arquimedes* (Hidrostática), que afirma ser a força de flutuação vertical, para cima, e igual ao peso do volume de líquido deslocado:

$$F = (\rho_L g \cdot A)z,$$

em que F é a força restauradora vertical adicional, para cima, em relação ao equilíbrio para um afundamento z.

Assim, na situação dinâmica temos:

$$M\ddot{z} = -\rho_L g \cdot Az,$$

ou

$$\ddot{z} + \frac{\rho_L}{\rho_M}\frac{g}{L}z = 0.$$

A freqüência natural de oscilação será dada por:

$$\omega_n^2 = \frac{\rho_L}{\rho_M}\frac{g}{L}.$$

Notar que, em equilíbrio estático, devemos ter:

$$Mg = HA\,\rho_L\,g,$$

ou, $\rho_M = (H/L)\rho_L$, sendo $H/L < 1$, onde H é a cota de flutuação estática, ou o calado do corpo. Portanto

$$\omega_n^2 = \frac{g}{H}.$$

Num caso real, além da massa M, deveria ser considerada uma massa adicional M_a, agregada, devido à aceleração de parte do meio fluido. Assim, uma melhor aproximação da freqüência natural seria:

$$\omega_n^2 = \frac{\rho_L gA}{M + M_a}.$$

2.5.9 Vibração aproximada de massa apoiada em viga engastada

A viga homogênea, de seção uniforme, comprimento L e rigidez EI, serve de apoio para uma massa M, concentrada em sua extremidade livre.

Pela resistência dos materiais, pode-se determinar a deflexão da viga quando submetida a uma carga estática F:

$$\delta = \frac{FL^2}{3EI}.$$

Mas $K = F/\delta$ ou $K = 3EI/L^2$ e, portanto, o sistema pode ser aproximado pela vibração livre com um grau de liberdade usando-se $K_{eq} = 3EI/L^2$ conforme mostra a Fig. 2.33.

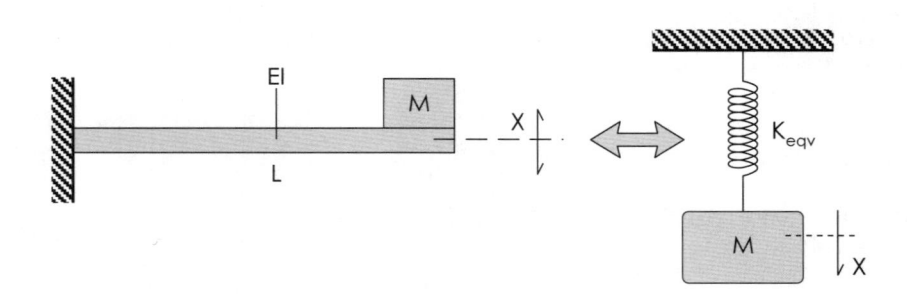

FIGURA 2.33

3

VIBRAÇÕES COM DOIS GRAUS DE LIBERDADE

No capítulo anterior tratamos de sistemas vibratórios em que apenas uma coordenada de deslocamento definia totalmente a vibração. Em termos analíticos a vibração ficou caracterizada pela solução de uma única equação diferencial do tipo ordinária na variável independente t. Outra característica importante do que foi visto em sistemas com um grau de liberdade é a existência de uma única freqüência natural que tem um papel importante tanto na vibração livre como na força-da periódica.

Neste capítulo vamos tratar de sistemas vibratórios em que duas coordenadas de espaço (deslocamento de massas) são necessárias para caracterizar o sistema vibratório. De maneira análoga, vamos considerar também os casos vistos anteriormente, isto é, vibrações livres sem e com amortecimento e vibração forçada para *dois graus de liberdade*.

3.1 VIBRAÇÕES LIVRES SEM AMORTECIMENTO COM DOIS GRAUS DE LIBERDADE

Tomemos o exemplo mostrado na Fig. 3.1, em que dois blocos, de massas M_1 e M_2, unidos por uma mola de constante elástica K_2, são levados a uma posição de equilíbrio estático no campo gravitacio-nal. Duas variáveis, correspondentes aos deslocamentos verticais das massas são necessárias para caracterizar a vibração do sistema a partir da posição de referência estática. Está admitido que os blocos só podem se deslocar verticalmente.

Já que não há forças externas (fontes de vibração) aplicadas sobre as massas, a vibração destas pode ocorrer somente por condições iniciais não-nulas, como, por exemplo, impondo-se deslocamento inicial não-nulo a uma das massas. O sistema passará a vibrar por ação das forças das molas. Espera-se que a vibração de uma das massas interfira com a vibração da outra e vice-versa, ou seja, que os movimentos vibratórios ocorram de forma acoplada.

A título de observação, podemos considerar dois casos-limite neste exemplo. Podemos imaginar a constante K_2 muito pequena em relação às constantes das outras molas. Nesse caso, a força de mola do acoplamento entre as duas massas será muito pequena e, portanto, é de se esperar uma pequena influência entre os dois movimentos. No limite, para $K_2 = 0$, as duas massas se desacoplam, e passamos a ter dois sistemas independentes com um grau de liberdade cada.

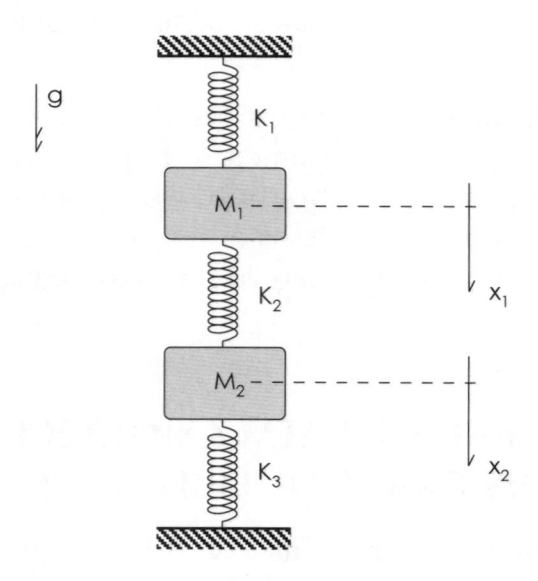

FIGURA 3.1 Sistema vibratório livre, sem amortecimento, com dois graus de liberdade.

O outro caso-limite consiste em tornar a mola infinitamente rígida. As massas têm exatamente o mesmo deslocamento e podemos considerar o sistema por elas formado como um único bloco. Este caso se reduz evidentemente a um grau de liberdade, com um bloco de massa $M = M_1 + M_2$ preso a duas molas, de constante elástica K_1 e K_3, que podem ser reduzidas a uma única mola equivalente K_{eq}.

Essas considerações mostram a importância da constante elástica da mola K_2 como responsável pelo *acoplamento do sistema vibratório* com dois graus de liberdade.

O equacionamento do sistema pode ser realizado pela aplicação do método newtoniano, tendo-se em consideração o diagrama de corpo livre de cada um dos blocos, aplicando-se todas as forças que atuam sobre os blocos e, em seguida, a *segunda lei de Newton*. Desse modo, conforme o que já foi discutido no sistema com um grau de liberdade, teremos para o bloco de massa M_1:

$$M_1\ddot{x}_1 + K_1 x_1 + K_2\left(x_1 - x_2\right) = 0. \tag{3.1}$$

De modo similar, para a massa M_2, temos:

$$M_2\ddot{x}_2 + K_3 x_2 + K_2\left(x_2 - x_1\right) = 0. \tag{3.2}$$

A vibração livre é caracterizada por duas equações diferenciais de segunda ordem nas variáveis x_1 e x_2, acopladas pelo termo contendo a constante K_2. Notar que o deslocamento $x_1(t)$ é influenciado pelo deslocamento $x_2(t)$ [Eq. (3.1)] e vice-versa [Eq. (3.2)]. Essas duas equações constituem um sistema de equações diferenciais.

Para a solução desse sistema, podemos seguir um caminho semelhante ao que foi utilizado no Cap. 2 ou, alternativamente, assumindo uma estrutura de funções para a solução do sistema com parâmetros que devem ser encontrados para a própria solução. Vamos adotar esse método, assumindo que a solução é do tipo:

$$\begin{aligned} x_1(t) &= C_1 e^{st}, \\ x_2(t) &= C_2 e^{st}. \end{aligned} \tag{3.3}$$

Notar que as constantes C_1 e C_2 e o parâmetro s devem ser determinados na solução do problema.

Substituindo (3.3) em (3.2) e observando que a derivada segunda de (3.3) é a própria função multiplicada por s^2, teremos as seguintes equações:

$$\left[\left(M_1 s^2 + \left(K_1 + K_2\right)\right)C_1 - K_2 C_2\right]e^{st} = 0,$$
$$\left[\left(M_2 s^2 + \left(K_3 + K_2\right)\right)C_2 - K_2 C_1\right]e^{st} = 0. \tag{3.4}$$

É conveniente escrever o sistema de Eqs. (3.4) na forma matricial, como segue:

$$\begin{bmatrix} \left(M_1 s^2 + \left(K_1 + K_2\right)\right) & -K_2 \\ -K_2 & \left(M_2 s^2 + \left(K_3 + K_2\right)\right) \end{bmatrix} \begin{bmatrix} C_1 \\ C_2 \end{bmatrix} e^{st} = \begin{bmatrix} 0 \\ 0 \end{bmatrix}. \tag{3.5}$$

O sistema (3.5) deve se verificar para qualquer valor de t e, portanto, deve ser independente da função e^{st}, isto é, o produto matricial à esquerda da função deve se anular, de modo que:

$$\begin{bmatrix} \left(M_1 s^2 + \left(K_1 + K_2\right)\right) & -K_2 \\ -K_2 & \left(M_2 s^2 + \left(K_3 + K_2\right)\right) \end{bmatrix} \begin{bmatrix} C_1 \\ C_2 \end{bmatrix} = \begin{bmatrix} 0 \\ 0 \end{bmatrix}. \tag{3.6}$$

O problema recai no da solução de um sistema de equações algébricas simultâneas do tipo:

$$[A][b] = [0], \tag{3.7}$$

em que $[b]$ é uma matriz coluna de coeficientes a serem determinados, e a matriz $[A]$ é uma matriz quadrada com elementos constantes.

Da Álgebra Linear sabemos que soluções não-triviais para esse problema, isto é, soluções não-identicamente nulas para $[b]$ podem ocorrer somente no caso em que det $[A] = 0$.

Impondo, portanto, a condição para a matriz quadrada em (3.6) de que seu determinante deve ser nulo, temos:

$$\det \begin{bmatrix} \left(M_1 s^2 + \left(K_1 + K_2\right)\right) & -K_2 \\ -K_2 & \left(M_2 s^2 + \left(K_3 + K_2\right)\right) \end{bmatrix} = 0. \tag{3.8}$$

Neste ponto vamos fazer uma simplificação para obter uma solução mais simples para este exemplo, admitindo $M_1 = M_2 = M$ e $K_1 = K_2 = K_3 = K$.

A Eq. (3.8) fica assim reduzida a:

$$\det\begin{bmatrix} \left(Ms^2 + 2K\right) & -K \\ -K & \left(Ms^2 + 2K\right) \end{bmatrix} = 0. \tag{3.9}$$

Resolvendo o determinante de (3.8) chegamos a:

$$\left(Ms^2 + 2K\right)^2 - K^2 = 0. \tag{3.10}$$

A Eq. (3.10) é denominada *equação característica* para esse problema e é do tipo polinomial em s. Nesse caso, a equação é do quarto grau em s, biquadrática, como segue:

$$s^4 + 4\left(\frac{K}{M}\right)^2 s^2 + 3\left(\frac{K}{M}\right)^2 = 0. \tag{3.11}$$

Fazendo $\lambda = s^2$, teremos:

$$\lambda^2 + 4\left(\frac{K}{M}\right)^2 \lambda + 3\left(\frac{K}{M}\right)^2 = 0. \tag{3.12}$$

Resolvendo para λ:

$$\lambda_1 = -\frac{K}{M} \quad \text{e} \quad \lambda_2 = -3\frac{K}{M}. \tag{3.13}$$

Fazendo:

$$\omega_{n_1}^2 = \frac{K}{M} \quad \text{e} \quad \omega_{n_2}^2 = 3\frac{K}{M}, \tag{3.14}$$

as quatro raízes de (3.10) podem ser escritas como:

$$s_1 = j\omega_{n1}; \quad s_2 = -j\omega_{n1}; \quad s_3 = j\omega_{n2} \quad \text{e} \quad s_4 = -j\omega_{n2} \tag{3.15}$$

Notar que qualquer uma das raízes satisfaz a solução (3.3) proposta inicialmente.

Substituindo qualquer uma das raízes (3.15) encontradas no problema algébrico (3.6) e resolvendo para os valores de C_1 e C_2, temos:

$$\text{para } s_1 \text{ e } s_2 : C_1 = C_2; \quad \text{e} \quad \text{para } s_3 \text{ e } s_4 : C_1 = -C_2. \quad (3.16)$$

Notar que apenas a relação entre as componentes da matriz-coluna de (3.6) pode ser encontrada; isso porque, ao se substituir o valor das raízes no sistema (3.6), as linhas se tornam linearmente dependentes – como era esperado –, já que temos três incógnitas (s, C_1 e C_2) e apenas duas equações algébricas.

Costuma-se caracterizar as duas soluções encontradas pelas suas relações (já que o valor absoluto para os C_i não pode ser encontrado) conforme segue:

Para a solução correspondente a ω_{n1}, isto é, as duas primeiras raízes, temos:

$$C^{(1)} = \begin{bmatrix} C_{11} \\ C_{12} \end{bmatrix}, \quad (3.17)$$

com $C_{11} = 1$ e $C_{12} = 1$; e, para ω_{n2}, isto é, as duas últimas raízes:

$$C^{(2)} = \begin{bmatrix} C_{21} \\ C_{22} \end{bmatrix}, \quad (3.18)$$

com $C_{21} = 1$ e $C_{22} = -1$.

Pelo princípio da superposição, que pode ser aplicado a esse caso, temos que a solução geral é encontrada pela combinação linear das soluções já obtidas, como se pode verificar pela substituição no sistema de equações diferenciais, assumindo a forma:

$$x_1(t) = \alpha_1 C_{11} \exp(j\omega_{n1}t) + \alpha_2 C_{11} \exp(-j\omega_{n1}t) +$$
$$+ \alpha_3 C_{21} \exp(j\omega_{n2}t) + \alpha_4 C_{21} \exp(-j\omega_{n1}t)$$

e

$$x_2(t) = \alpha_1 C_{12} \exp(j\omega_{n1}t) + \alpha_2 C_{12} \exp(-j\omega_{n1}t) +$$
$$+ \alpha_3 C_{22} \exp(j\omega_{n2}t) + \alpha_4 C_{22} \exp(-j\omega_{n1}t). \quad (3.19)$$

As constantes α_1, α_2, α_3 e α_4 podem ser complexas, isto é, com parte real e parte imaginária, e deve ser possível determiná-las a partir das quatro condições iniciais (CI) do problema, ou seja, dos valores de $x_1(t = 0)$, $\dot{x}_1(t = 0)$, $x_2(t = 0)$ e $\dot{x}_2(t = 0)$.

Empregando as fórmulas de Euler, verifica-se que os termos exponenciais conjugados em (3.19) podem ser agrupados dois a dois:

$$C_{11}\left(\alpha_1 \exp\left(j\omega_{n_1}t\right) + \alpha_2 \exp\left(-j\omega_{n_1}t\right)\right) = A_1 C_{11} \cos\left(\omega_{n_1}t - \phi_1\right)$$

e   (3.20)

$$C_{21}\left(\alpha_3 \exp\left(j\omega_{n_2}t\right) + \alpha_4 \exp\left(-j\omega_{n_2}t\right)\right) = A_2 C_{21} \cos\left(\omega_{n_2}t - \phi_2\right);$$

e também

$$C_{12}\left(\alpha_2 \exp\left(j\omega_{n_1}t\right) + \alpha_2 \exp\left(-j\omega_{n_1}t\right)\right) = A_1 C_{12} \cos\left(\omega_{n_1}t - \phi_1\right)$$

e   (3.21)

$$C_{22}\left(\alpha_3 \exp\left(j\omega_{n_2}t\right) + \alpha_4 \exp\left(-j\omega_{n_2}t\right)\right) = A_2 C_{22} \cos\left(\omega_{n_2}t - \phi_2\right).$$

Nesse caso, A_1, A_2, ϕ_1 e ϕ_2 são constantes reais e determinadas a partir das CI do problema. Assim, a solução geral (3.19) pode ser reescrita como:

$$x_1(t) = A_1 C_{11} \cos\left(\omega_{n_1}t - \phi_1\right) + A_2 C_{21} \cos\left(\omega_{n_2}t - \phi_2\right)$$

e   (3.22)

$$x_2(t) = A_1 C_{12} \cos\left(\omega_{n_2}t - \phi_1\right) + A_2 C_{22} \cos\left(\omega_{n_2}t - \phi_2\right).$$

Reescrevendo com (3.22) os valores encontrados para os C_{ij}, temos:

$$x_1(t) = A_1 \cos\left(\omega_{n_1}t - \phi_1\right) + A_2 \cos\left(\omega_{n_2}t - \phi_2\right)$$

e   (3.23)

$$x_2(t) = A_1 \cos\left(\omega_{n_2}t - \phi_1\right) - A_2 \cos\left(\omega_{n_2}t - \phi_2\right).$$

Notar que o deslocamento das massas ocorre como superposição de duas funções harmônicas, porém cada uma com determinada freqüência e fase. Essas soluções podem não ser periódicas para CI arbitrárias, pois a relação das freqüências ω_1/ω_2 pode não ser um número racional (ver, por exemplo, Marion [6]). Uma visualização do movimento das massas M_1 e M_2 encontra-se nas Figs. 3.2 e 3.3 para CI dadas por:

$$
\begin{aligned}
x_1(t=0) &= 2 \\
\dot{x}_1(t=0) &= 0 \\
x_2(t=0) &= 1 \\
\dot{x}_2(t=0) &= 0.
\end{aligned}
\tag{3.24}
$$

Podem ocorrer CI que anulem permanentemente alguns termos de (3.23). Assim, se tais CI específicas tornarem nula a constante A_2, a vibração das duas massas ocorrerá segundo funções harmônicas de mesma freqüência (ω_{n1}) de modo síncrono, isto é, os valores de deslocamentos máximo e mínimo ocorrerão no mesmo instante, com periodicidade igual a $2\pi/\omega_{n1}$. Nessa situação, a vibração se dará sem que a mola de acoplamento K_2 esteja comprimida ou distendida durante todo o movimento.

FIGURA 3.2 Deslocamento da massa M_1 para as CI dadas por (3.24).

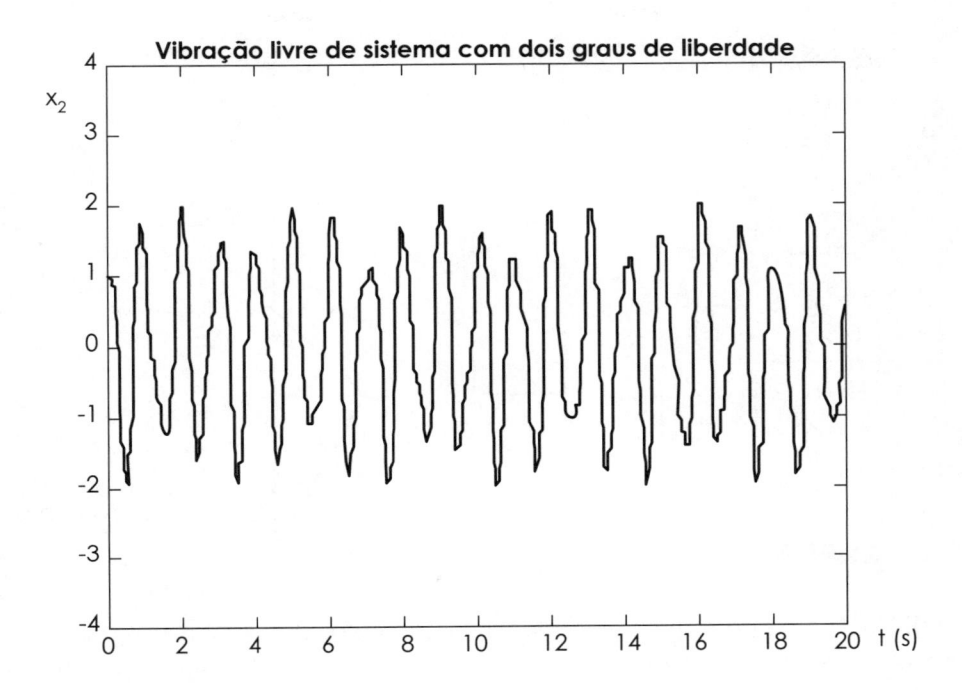

FIGURA 3.3 Deslocamento da massa M_2 para as CI dadas por (3.24).

Da mesma forma, se A_1 se anular para certas CI, a vibração das massas ocorrerá de modo síncrono na freqüência (ω_{n2}), porém com oposição de fase, já que o sinal ($-$) na segunda Eq. (3.23) indica defasagem de 180°. Fisicamente, as massas vibram com os deslocamentos em sentidos opostos, comprimindo e distendendo a mola de acoplamento K_2. Nesse caso, a vibração se dá de modo que o ponto médio da mola entre as duas massas tenha deslocamento nulo em todos os instantes. Dizemos que, nesse caso, ou *modo de vibrar*, ocorre um *nó* na vibração.

A Fig. 3.4 mostra esquematicamente um gráfico com as amplitudes máximas ($+$) e mínimas ($-$) das massas M_1 e M_2, nos instantes em que ocorrem. Os pontos das fundações onde as molas se fixam, evidentemente, têm deslocamentos nulos.

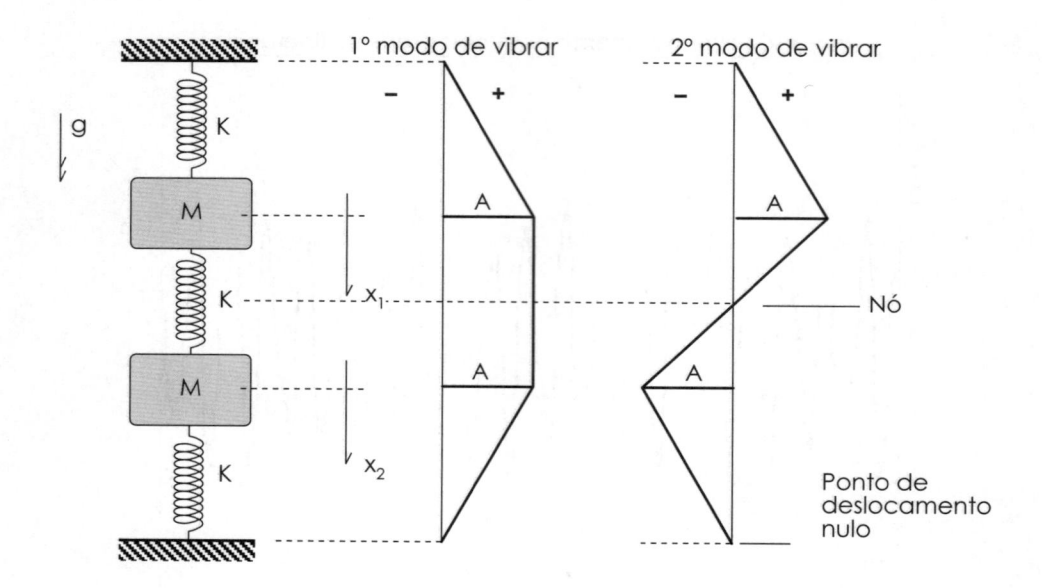

FIGURA 3.4 Gráfico esquemático dos deslocamentos dos pontos sobre a reta que une as duas fundações do sistema da Fig. 3.1, com massas iguais *M* e molas *K*.

No caso deste exemplo, há dois *modos naturais de vibração*: no primeiro modo, os movimentos são harmônicos, em fase com a menor das freqüências naturais menor ω_{n1} sem nós, isto é, sem pontos com deslocamento nulo.No segundo, com movimento harmônico, em oposição de fase com a maior das freqüências naturais, maior $\omega_{n2,}$ com um nó na posição média entre os pontos de fixação das molas.

Notar que as relações de amplitude em que essas vibrações síncronas ocorrem são exatamente as mesmas obtidas para as constantes C_{ij} de (3.17) e (3.18). As matrizes-coluna respectivamente de (3.17) e (3.18), com os respectivos valores associados, dizemos, correspondem aos modos de vibrar do sistema: primeiro e segundo modo de vibrar.

Utilizando as equações do sistema (3.23), é imediato verificar que, para CI tais que

$$x_1(t=0) = x_2(t=0) = A; \ \dot{x}_1(t=0) = \dot{x}_2(t=0) = 0,$$

o sistema vibra no primeiro modo. Para CI tais que

$$x_1(t=0) = -x_2(t=0) = A; \ \dot{x}_1(0) = \dot{x}_2(0) = 0,$$

o sistema vibra no segundo modo.

3.2 OUTROS EXEMPLOS DE SISTEMAS LIVRES COM DOIS GRAUS DE LIBERDADE

Antes de passar aos casos com amortecimento e vibração forçada, vamos considerar alguns exemplos de vibração com dois graus de liberdade e seus modos de vibrar.

A Fig. 3.5 mostra um sistema composto por duas massas mg concentradas nas extremidades de duas barras, de massas desprezíveis, articuladas em O e A, movimentando-se apenas no plano vertical. Admitindo que, no movimento do sistema, os ângulos φ e θ, se mantenham pequenos, vamos aplicar o método das *equações de Lagrange* (Apêndice II). Dessa forma, o movimento do sistema será representado pelas equações diferenciais (3.25) [cujo desenvolvimento encontra-se no Exemplo (b) do Apêndice II]:

$$\ddot{\theta} + \frac{1}{2}\ddot{\varphi} + \frac{g}{L}\theta = 0,$$

$$\ddot{\varphi} + \ddot{\theta} + \frac{g}{L}\varphi + = 0. \tag{3.25}$$

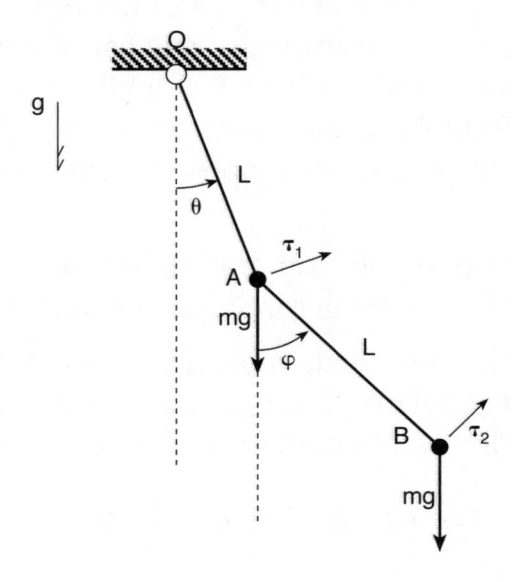

FIGURA 3.5 Pêndulo duplo em movimento plano com dois graus de liberdade.

A solução de (3.25) segue o mesmo desenvolvimento do sistema anterior, chegando-se à equação característica biquadrática em ω para o cálculo da freqüência natural:

$$\omega^4 - 4\frac{g}{L}\omega^2 + 2\left(\frac{g}{L}\right)^2 = 0. \tag{3.26}$$

As duas freqüências naturais resultam em:

$$\omega_{n_1}^2 = \frac{g}{L}\left(2 - \sqrt{2}\right) \quad \text{e} \quad \omega_{n_2}^2 = \left(\frac{g}{L}\right)\left(2 + \sqrt{2}\right). \tag{3.27}$$

Os respectivos modos de vibrar correspondentes podem ser calculados a partir de uma expressão semelhante à (3.6) pela substituição de cada uma das freqüências naturais (3.27):

$$C^{(1)} = \begin{bmatrix} C_{11} \\ C_{12} \end{bmatrix} \quad \text{e} \quad C^{(2)} = \begin{bmatrix} C_{21} \\ C_{22} \end{bmatrix}, \tag{3.28}$$

com $C_{12} = \sqrt{2} \cdot C_{11}$, e $C_{21} = -\sqrt{2} \cdot C_{22}$, sendo C_{11} e C_{22} arbitrários.

O primeiro modo ocorre na freqüência natural em movimento síncrono, de modo que as extremidades das barras encontram-se sempre do mesmo lado da reta vertical de equilíbrio estático. O segundo modo ocorre na freqüência mais elevada, com as duas barras mantendo as extremidades em lados opostos com relação à vertical de equilíbrio.

Outro exemplo que pode ser tratado de modo similar com dois graus de liberdade é o sistema torcional mostrado na Fig. 3.6.

As equações diferenciais do movimento vibratório torcional para os deslocamentos angulares θ_1 e θ_2 podem ser obtidas pela aplicação do TMA aos dois discos, resultando no sistema:

$$\begin{aligned} J_1\ddot{\theta}_1 + K_{T_1}\theta_1 + K_{T_2}\theta_1 - K_{T_2}\theta_2 &= 0, \\ J_2\ddot{\theta}_2 + K_{T_2}\theta_2 - K_{T_2}\theta_1 &= 0. \end{aligned} \tag{3.29}$$

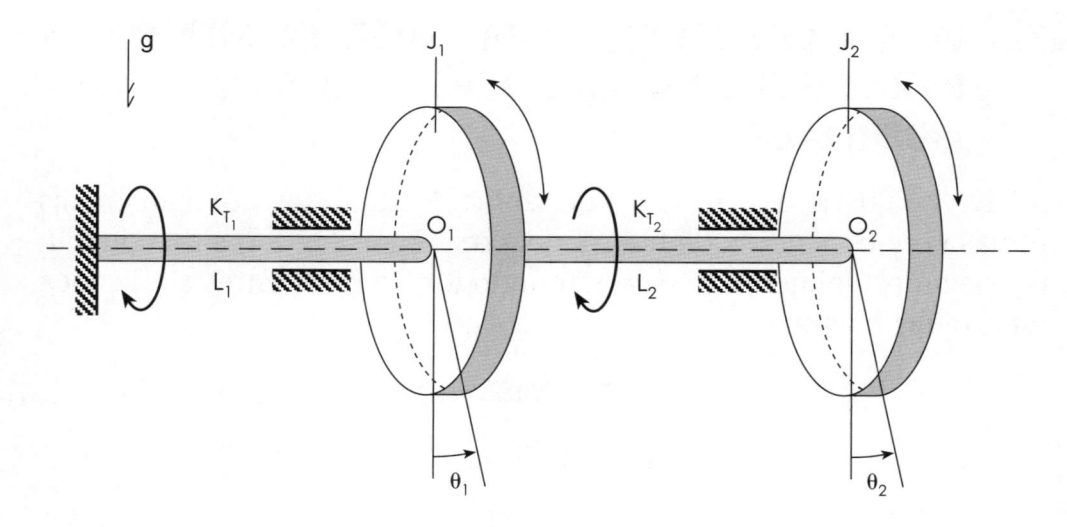

FIGURA 3.6 Sistema vibratório torcional com dois graus de liberdade.

A solução pelo método visto anteriormente conduz à equação característica:

$$\omega^4 - \left[\frac{J_1 K_{T_2} + J_2\left(K_{T_1} + K_{T_2}\right)}{J_1 J_2}\right]\omega^2 + \frac{K_{T_2}^2 + K_{T_1}K_{T_2} - K_{T_1}^2}{J_1 J_2} = 0. \quad (3.30)$$

Considerando momentos de inércia iguais a J, comprimentos L, e mesmas constantes elásticas torcionais K_T, chegamos às freqüências naturais:

$$\omega_{n_1}^2 = \frac{0,38 K_T}{J} \quad \text{e} \quad \omega_{n_2}^2 = \frac{2,62 K_T}{J}. \quad (3.31)$$

Podem-se determinar o modos naturais, que resultam em:

$$C^{(1)} = \begin{bmatrix} C_{11} \\ C_{12} \end{bmatrix} \quad \text{e} \quad C^{(2)} = \begin{bmatrix} C_{21} \\ C_{22} \end{bmatrix}, \quad (3.32)$$

com $C_{12} = 1,62 C_{11}$ e $C_{21} = -0,62 C_{22}$.

Notar que, nesse caso, a vibração do segundo modo natural na freqüência mais elevada ocorre com um nó entre os dois discos.

3.3 VIBRAÇÕES LIVRES COM AMORTECIMENTO PARA SISTEMAS COM DOIS GRAUS DE LIBERDADE

A Fig. 3.8 ilustra a introdução de amortecimento na vibração em sistemas com dois graus de liberdade, com amortecedores de constantes de amortecimento c_1 e c_2, impondo forças resistentes ao deslocamento das massas.

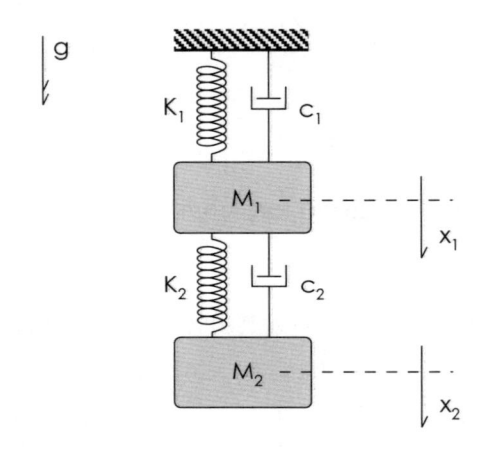

FIGURA 3.8 Sistema em vibração livre com amortecimento, com dois graus de liberdade.

O equacionamento desse sistema conduz a:

$$M_1\ddot{x}_1 + c_1\dot{x}_1 + c_2\left(\dot{x}_1 - \dot{x}_2\right) + K_1 x_1 + K_2\left(x_1 - x_2\right) = 0,$$
$$M_2\ddot{x}_2 + c_2\left(\dot{x}_2 - \dot{x}_1\right) + K_2\left(x_2 - x_1\right) = 0. \tag{3.33}$$

O sistema é acoplado pelos termos de amortecimento e pelo efeito das molas. A solução do sistema de equações diferenciais pode ser buscada de modo similar ao que foi realizado na Sec. 3.1.

Admite-se para solução a expressão (3.3):

$$x_1(t) = c_1 e^{st}$$
$$x_2(t) = c_2 e^{st},$$

onde s e C_i devem ser determinados na solução.

A substituição de (3.3) e suas derivadas primeira e segunda resulta no sistema de equações diferenciais na forma matricial que segue:

$$\begin{bmatrix} M_1 s^2 + (c_1 + c_2)s + K_1 & -(c_2 s + K_2) \\ -(c_2 s + K_2) & M_2 s^2 + c_2 s + K_2 \end{bmatrix} \begin{bmatrix} C_1 \\ C_2 \end{bmatrix} e^{st} = \begin{bmatrix} 0 \\ 0 \end{bmatrix}. \quad (3.34)$$

Para solução não-trivial devemos ter:

$$\begin{bmatrix} M_1 s^2 + (c_1 + c_2)s + K_1 & -(c_2 s + K_2) \\ -(c_2 s + K_2) & M_2 s^2 + c_2 s + K_2 \end{bmatrix} \begin{bmatrix} C_1 \\ C_2 \end{bmatrix} = \begin{bmatrix} 0 \\ 0 \end{bmatrix}. \quad (3.35)$$

e, portanto, o determinante da matriz quadrada deve ser nulo:

$$\det \begin{bmatrix} M_1 s^2 + (c_1 + c_2)s + K_1 & -(c_2 s + K_2) \\ -(c_2 s + K_2) & M_1 s^2 + c_2 s + K_2 \end{bmatrix} = 0. \quad (3.36)$$

A equação característica, nesse caso, resulta em polinomial completa de quarto grau em s, como segue:

$$a_1 s^4 + a_2 s^3 + a_3 s^2 + a_4 s + a_5 = 0, \quad (3.37)$$

onde

$$a_1 = M_1 M_2;$$
$$a_2 = M_1 c_2 + M_2 (c_1 + c_2);$$
$$a_3 = M_2 K_1 + M_1 K_2 + c_1 c_2;$$
$$a_4 = K_1 c_2 + K_2 c_1 - K_2 c_2;$$
$$a_5 = K_1 K_2 - K_2^2.$$

Em problemas desse tipo, as quatro raízes podem ser:

a) quatro raízes complexas, conjugadas duas a duas;

b) duas raízes complexas conjugadas e duas raízes reais (distintas ou não);

c) quatro raízes reais (distintas ou não).

Por questões relativas à estabilidade e conforme foi verificado na solução da equação característica para um grau de liberdade, as raízes reais e a parte real das raízes complexas devem ser negativas, de modo que o sistema livre apresente tendência a retornar para sua situação de equilíbrio estático, uma vez deixado a vibrar livremente. Isso se deve ao fato de o mecanismo de dissipação de energia (amortecedores) agir de modo a diminuir a energia mecânica inicial imposta ao sistema vibratório.

No primeiro caso, em que as quatro raízes são complexas do tipo $\sigma_i \pm j\omega_{di}$, teremos:

$$x_1(t) = \begin{aligned} &\alpha_1 C_{11} \exp\left(-\sigma_1 t\right)\exp\left(j\omega_{d_1} t\right) + \alpha_2 C_{11} \exp\left(-\sigma_1 t\right)\exp\left(-j\omega_{d_1} t\right) + \\ &\alpha_3 C_{21} \exp\left(-\sigma_2 t\right)\exp\left(j\omega_{d_2} t\right) + \alpha_4 C_{21} \exp\left(-\sigma_2 t\right)\exp\left(-j\omega_{d_1} t\right). \end{aligned}$$

e

$$x_2(t) = \begin{aligned} &\alpha_1 C_{12} \exp\left(-\sigma_1 t\right)\exp\left(j\omega_{d_1} t\right) + \alpha_2 C_{12} \exp\left(-\sigma_1 t\right)\exp\left(-j\omega_{d_1} t\right) + \\ &\alpha_3 C_{22} \exp\left(-\sigma_2 t\right)\exp\left(j\omega_{d_2} t\right) + \alpha_4 C_{22} \exp\left(-\sigma_2 t\right)\exp\left(-j\omega_{d_1} t\right). \end{aligned}$$

(3.38)

Os termos exponenciais do tipo $\exp(-\sigma t)$, que aparecem em (3.38), correspondem à parte real das raízes complexas, e está suposto que os σ_i são constantes reais positivas.

Conforme mencionado na Sec. 3.1, podemos agrupar *dois a dois* os termos complexos de (3.37), de maneira a obter uma expressão alternativa:

$$\begin{aligned} x_1(t) &= A_1 C_{11} \exp\left(-\sigma_1 t\right)\cos\left(\omega_{d_1} t - \phi_1\right) + \\ &\quad + A_2 C_{21} \exp\left(-\sigma_2 t\right)\cos\left(\omega_{d_2} t - \phi_2\right), \\ x_2(t) &= A_1 C_{12} \exp\left(-\sigma_1 t\right)\cos\left(\omega_{d_1} t - \phi_1\right) + \\ &\quad + A_2 C_{22} \exp\left(-\sigma_2 t\right)\cos\left(\omega_{d_2} t - \phi_2\right). \end{aligned}$$

(3.39)

Notar que tanto $x_1(t)$ como $x_2(t)$ dependem das constantes reais A_1, A_2 e σ_1, σ_2, que devem ser determinadas a partir das CI do problema, ou seja, dos valores de $x_1(t=0), \dot{x}_1(t=0), x_2(t=0), \dot{x}_2(t=0)$.

As funções $\exp(-\sigma_i t)$ cos $(\omega_{d_i} t - \phi_i)$ correspondem a sinais oscilatórios pseudoperiódicos, em que a amplitude decai exponencialmente com o tempo, analogamente ao que foi visto com um grau de liberdade [expressão (2.33)] e mostrado na Fig. 2.15. As freqüências ω_{d_i} correspondem à parte imaginária das raízes, encontrada na solução da equação característica (3.37).

A solução do caso em que se têm duas raízes complexas conjugadas e duas raízes reais assume a seguinte forma:

$$
\begin{aligned}
x_1(t) &= A_1 C_{11} \exp\left(-\sigma_1 t\right)\cos\left(\omega_{d_1} t - \phi_1\right) + A_2 C_{21} \exp\left(-\sigma_2 t\right) + \\
&\quad + A_3 C_{31} \exp\left(-\sigma_3 t\right), \\
x_2(t) &= A_1 C_{12} \exp\left(-\sigma_1 t\right)\cos\left(\omega_{d_1} t - \phi_1\right) + A_2 C_{22} \exp\left(-\sigma_2 t\right) + \\
&\quad + A_3 C_{32} \exp\left(-\sigma_3 t\right).
\end{aligned}
\tag{3.40}
$$

As constantes reais A_1, A_2, A_3 e ϕ_1 devem ser determinadas a partir das CI do problema. O primeiro termo tem caráter oscilante, com decaimento exponencial com tempo, e os dois últimos decaem exponencialmente com o tempo, já que os σ_i são positivos.

Finalmente, quando as quatro raízes são reais, temos como solução:

$$
\begin{aligned}
x_1(t) &= A_1 C_{11} \exp\left(-\sigma_1 t\right) + A_2 C_{21} \exp\left(-\sigma_2 t\right) + \\
&\quad + A_3 C_{31} \exp\left(-\sigma_3 t\right) + A_4 C_{41} \exp\left(-\sigma_4 t\right), \\
x_2(t) &= A_1 C_{12} \exp\left(-\sigma_1 t\right) + A_2 C_{22} \exp\left(-\sigma_2 t\right) + \\
&\quad + A_3 C_{32} \exp\left(-\sigma_3 t\right) + A_4 C_{42} \exp\left(-\sigma_4 t\right).
\end{aligned}
\tag{3.41}
$$

As quatro constantes A_i devem ser determinadas a partir das CI do problema.

3.4 VIBRAÇÕES FORÇADAS PARA SISTEMAS COM DOIS GRAUS DE LIBERDADE

As vibrações forçadas correspondem a aplicações de forças ou momentos (fontes de vibração) de forma independente do que esteja ocorrendo com a vibração do sistema; isto é, dependem apenas do tempo t e independem de x_1 e x_2 em sistemas com dois graus de liberdade.

No exemplo da Fig. 3.9 temos forças aplicadas a cada uma das massas. Usando o diagrama de corpo livre para cada uma das massas, podem-se obter as duas equações diferenciais do sistema como segue:

$$\begin{aligned} &M_1\ddot{x}_1 + c_1\dot{x}_1 + c_2\left(\dot{x}_1 - \dot{x}_2\right) + K_1x_1 + K_2\left(x_1 - x_2\right) = F_1(t),\\ &M_2\ddot{x}_2 + c_2\left(\dot{x}_2 - \dot{x}_1\right) + K_2\left(x_2 - x_1\right) = F_2(t). \end{aligned} \tag{3.42}$$

A solução analítica de (3.42) pode ser escrita de vários modos, desde que se conheça a forma das funções $F_1(t)$ e $F_2(t)$. Vale a pena observar que a solução de (3.42) pode ser obtida pelo princípio da superposição, considerando-se independentemente a ação de $F_1(t)$ e de $F_2(t)$, qualquer que seja a forma das funções. Por exemplo, podemos resolver o sistema (3.43), dado por:

$$\begin{aligned} &M_1\ddot{x}_1 + c_1\dot{x}_1 + c_2\left(\dot{x}_1 - \dot{x}_2\right) + K_1x_1 + K_2\left(x_1 - x_2\right) = F_1(t),\\ &M_2\ddot{x}_2 + c_2\left(\dot{x}_2 - \dot{x}_1\right) + K_2\left(x_2 - x_1\right) = 0. \end{aligned} \tag{3.43}$$

Em seguida podemos resolver o sistema (3.44), dado por:

$$\begin{aligned} &M_1\ddot{x}_1 + c_1\dot{x}_1 + c_2\left(\dot{x}_1 - \dot{x}_2\right) + K_1x_1 + K_2\left(x_1 - x_2\right) = 0,\\ &M_2\ddot{x}_2 + c_2\left(\dot{x}_2 - \dot{x}_1\right) + K_2\left(x_2 - x_1\right) = F_2(t). \end{aligned} \tag{3.44}$$

A solução, finalmente, pode ser calculada pela soma das soluções de (3.43) e (3.44).

No que se segue, vamos considerar o caso em que a forma da função da fonte de vibração é uma função periódica do tempo do tipo harmônica, um dos casos mais importantes em vibração.

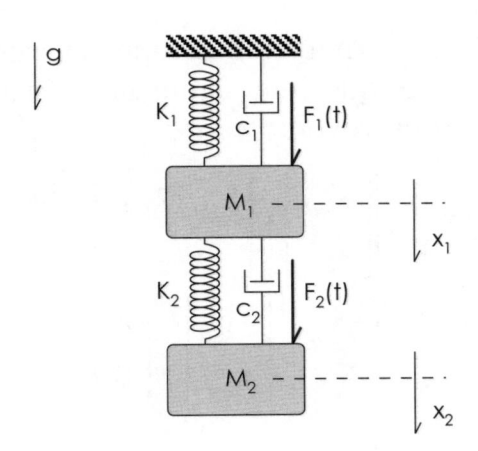

FIGURA 3.9 Vibração forçada com dois graus de liberdade.

Vamos considerar novamente o sistema (3.43) e fazer $F_1(t) = F \cos \omega t$, onde F e ω são, respectivamente, a amplitude e a freqüência da fonte ou função excitadora.

Fazendo uso novamente do *princípio da superposição*, válido para sistemas de equações diferenciais lineares, podemos separar a solução de (3.43) em duas partes. A primeira como se não houvesse fonte de vibrações no sistema, ou seja, as equações se reduzem ao sistema (3.33). Essa é a chamada *solução homogênea* do sistema de equações diferenciais (3.43), designada por $x_{1h}(t)$ e $x_{2h}(t)$; corresponde a uma das soluções (3.39), (3.40) ou (3.41), dependendo das raízes da equação característica.

Cabe notar que, em qualquer um dos casos, a solução da homogênea tende assintoticamente a zero com o aumento do tempo, sendo por isso conhecida como *solução transitória* do sistema, ou solução sob CI não-nulas.

A outra solução do sistema (3.43) corresponde a encontrar uma solução particular que satisfaça (3.43), com CI nulas. Vamos designá-la como *solução particular*, ou *solução forçada* do sistema $x_{1p}(t)$ e $x_{2p}(t)$. Essa solução deve ser encontrada assumindo-se uma forma para a solução com parâmetros a serem determinados.

É conveniente, neste ponto, colocar o sistema (3.43) numa forma matricial. Dada a facilidade de derivação de funções exponenciais vamos escrever $F(t)$ na forma de uma função variável complexa, embora seja sua parte real que tem significado físico no problema em estudo. Assim, vamos escrever:

$$\begin{bmatrix} M_1 & 0 \\ 0 & M_2 \end{bmatrix} \begin{bmatrix} \ddot{x}_{1p} \\ \ddot{x}_{2p} \end{bmatrix} + \begin{bmatrix} (c_1 + c_2) & -c_2 \\ -c_2 & c_2 \end{bmatrix} \begin{bmatrix} \dot{x}_{1p} \\ \dot{x}_{2p} \end{bmatrix} +$$
$$+ \begin{bmatrix} (K_1 + K_2) & -K_2 \\ -K_2 & K_2 \end{bmatrix} \begin{bmatrix} x_{1p} \\ x_{2p} \end{bmatrix} = \begin{bmatrix} F \\ 0 \end{bmatrix} \exp{(j\omega t)}. \qquad (3.45)$$

Vamos admitir para $x_{1p}(t)$ e $x_{2p}(t)$ a forma co-senoidal com a mesma freqüência da fonte de excitação, com amplitude e fase a serem determinadas. Embora x_{1p} ou x_{2p} sejam funções reais, é interessante escrevê-las como funções de variável complexa e adotar como respostas a parte real das funções obtidas. Escrevemos então:

$$x_{1p}(t) = X_1 \exp(j\omega t) \quad \text{e} \quad x_{2p}(t) = X_2 \exp(j\omega t). \qquad (3.46)$$

As constantes X_1 e X_2 serão complexas. Sejam a_i e b_i, respectivamente, as partes real e imaginária de X_1 e X_2. As amplitudes e as fases correspondentes serão:

$$|X_1| = \left(a_1^2 + b_1^2\right)^{1/2} \quad \text{e} \quad |X_2| = \left(a_2^2 + b_2^2\right)^{1/2}, \qquad (3.47)$$

$$\phi_1 = \arctan\frac{b_1}{a_1} \quad \text{e} \quad \phi_2 = \arctan\frac{b_2}{a_2}. \qquad (3.48)$$

As derivadas primeira e segunda da função exponencial $\exp{(j\omega t)}$ são, respectivamente,

$$j\omega \exp{(j\omega t)} \quad \text{e} \quad -\omega^2 \exp{(j\omega t)}.$$

Calculando as derivadas primeira e segunda com relação ao tempo de (3.46) e substituindo em (3.45), vem:

$$\begin{bmatrix} M_1 & 0 \\ 0 & M_2 \end{bmatrix}\begin{bmatrix} X_1\omega^2 \\ X_2\omega^2 \end{bmatrix}\exp\,(j\omega t)+$$

$$+\begin{bmatrix} (c_1+c_2)-c_2 \\ -c_2 & c_2 \end{bmatrix}\begin{bmatrix} X_1 j\omega \\ X_2 j\omega \end{bmatrix}\exp\,(j\omega t)+$$

$$+\begin{bmatrix} (K_1+K_2)-K_2 \\ -K_2 & K_2 \end{bmatrix}\begin{bmatrix} X_1 \\ X_2 \end{bmatrix}\exp\,(j\omega t)=\begin{bmatrix} F \\ 0 \end{bmatrix}\exp\,(j\omega t). \quad (3.49)$$

Evidentemente a solução procurada deve ser tal que se verifique o seguinte sistema:

$$\begin{bmatrix} -M_1\omega^2+(c_1+c_2)j\omega+(K_1+K_2) & -c_2 j\omega-K_2 \\ -c_2 j\omega-K_2 & -M_2\omega^2+c_2 j\omega+K_2 \end{bmatrix}\begin{bmatrix} X_1 \\ X_2 \end{bmatrix}=\begin{bmatrix} F \\ 0 \end{bmatrix}.$$

$$(3.50)$$

Chamamos a matriz quadrada em (3.50) de matriz [D], para o que se segue.

Assim, a solução para X_1 e X_2 pode ser escrita como indicado em (3.51), após multiplicar os dois membros de (3.50), à esquerda, pela inversa de [D]:

$$\begin{bmatrix} X_1 \\ X_2 \end{bmatrix}=[D]^{-1}\begin{bmatrix} F \\ 0 \end{bmatrix}, \quad (3.51)$$

onde $[D]^{-1}$ é a matriz inversa de [D].

O cálculo da matriz inversa fornece:

$$[D]^{-1}=\frac{\mathrm{adj}\,[D]}{\det\,[D]}. \quad (3.52)$$

Então, em todos os termos da inversa de [D], aparecerá no denominador o determinante de [D].

Particularizando para o caso em que não se consideram os termos de amortecimento, isto é, fazendo c_1 e c_2 nulos em (3.50), e ainda o valor das duas massas iguais a M e as constantes de molas iguais a K, teremos a seguinte expressão para o determinante da matriz $[D]$:

$$\det [D] = M^2 \omega^4 - 3MK\omega^2 + K^2. \tag{3.53}$$

Existe o caso em que o determinante é nulo para determinados valores de ω^2. Para estabelecer esses valores, vamos impor que (3.53) seja igual a zero. As raízes da equação biquadrática resultante serão:

$$\omega_1^2 = 0,38 \left(\frac{K}{M} \right)^{1/2} \quad \text{e} \quad \omega_1^2 = 2,62 \left(\frac{K}{M} \right)^{1/2}. \tag{3.54}$$

Sendo

$$\text{adj} \left[D \right] = \begin{bmatrix} -M\omega^2 + K & K \\ K & -M\omega^2 + 2K \end{bmatrix}, \tag{3.55}$$

então,

$$\left[D \right]^{-1} = \left(M^2 \omega^4 - 3MK\omega^2 + K^2 \right)^{-1} \begin{bmatrix} -M\omega^2 + K & K \\ K & -M\omega^2 + 2K \end{bmatrix}. \tag{3.56}$$

Para freqüências iguais a ω_1 e ω_2, as amplitudes correspondentes $|X_1|$ e $|X_2|$ terão valores infinitamente grandes, simultaneamente. Essas condições são facilmente identificadas com a condição de ressonância verificada em sistemas com um grau de liberdade. Nesse caso, existe a possibilidade de duas ressonâncias. As freqüências em que isso ocorre são as naturais do sistema de dois graus de liberdade, como se pode verificar facilmente, já que a equação que resulta fazendo-se (3.53) igual a zero é a própria equação característica.

Os valores de X_1 e X_2 podem ser calculados por efetuando-se o produto matricial indicado em (3.51); obtêm-se:

$$X_1 = F \frac{-M\omega^2 + K}{-M^2 \omega^4 - 3MK\omega^2 + K^2},$$

$$X_2 = \frac{FK}{M^2 \omega^4 - 3MK\omega^2 + K^2}. \tag{3.57}$$

Fazendo $r = \omega/(K/M)^{1/2}$ e multiplicando os dois membros de (3.57) por K/F, teremos:

$$\frac{X_1}{F} = \frac{-r^2 + 1}{r^4 - 3r^2 + 1},$$

$$\frac{X_2}{F} = \frac{1}{r^4 - 3r^2 + 1}. \tag{3.58}$$

Os primeiros membros de (3.58) são reais. Representam as relações entre as amplitudes das respostas e da excitação.

Notar que, para a freqüência de excitação ω correspondente a $r = 1$, o deslocamento da massa superior é nulo, ou seja, a vibração não afeta o movimento da massa, mas o mesmo não ocorre com a amplitude do deslocamento da massa inferior, que nesse caso é -1. O sinal negativo indica que a fase está π rad fora de fase (em oposição de fase) em relação à força aplicada.

Esse comportamento do sistema vibratório de dois graus de liberdade serve de modelo para os chamados *absorvedores dinâmicos de vibração*. Nesse caso pode-se, em princípio, projetar um sistema passivo para isolar total ou parcialmente a vibração de uma máquina, representado pela mola K_1 e pela massa M_1 na Fig. 3.9, admitindo-se que não haja amortecedores. O sistema absorvedor de vibração é representado pela mola K_2 e pela massa M_2, e a escolha desses parâmetros de projeto deve ser tal que não resultem deslocamentos excessivos para a massa M_2. No sistema com absorvedor dinâmico de vibração, a força atuante sobre a máquina é transmitida integralmente para o absorvedor, que a equilibra através da força de mola e da força de inércia da massa inferior.

O absorvedor dinâmico pode não ser efetivo, contudo, nos casos em que as freqüências de excitação atuam sobre máquinas para as quais o conjunto não está corretamente sintonizado. Notar também que valores muito elevados de r resultam em pequenos deslocamentos, tendendo a zero para r no infinito, como se deduz facilmente das expressões (3.58).

As Figs. 3.10 e 3.11 mostram os resultados para amplitudes dos deslocamentos das massas superior e inferior, em função da freqüência normalizada da fonte r.

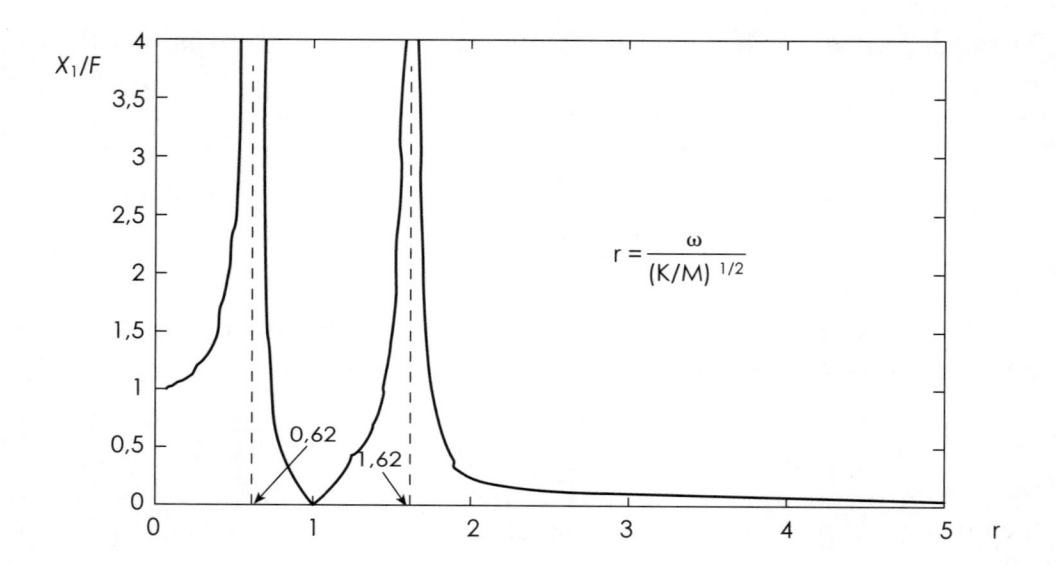

FIGURA 3.10 Amplitude do deslocamento da massa superior em vibração forçada com dois graus de liberdade.

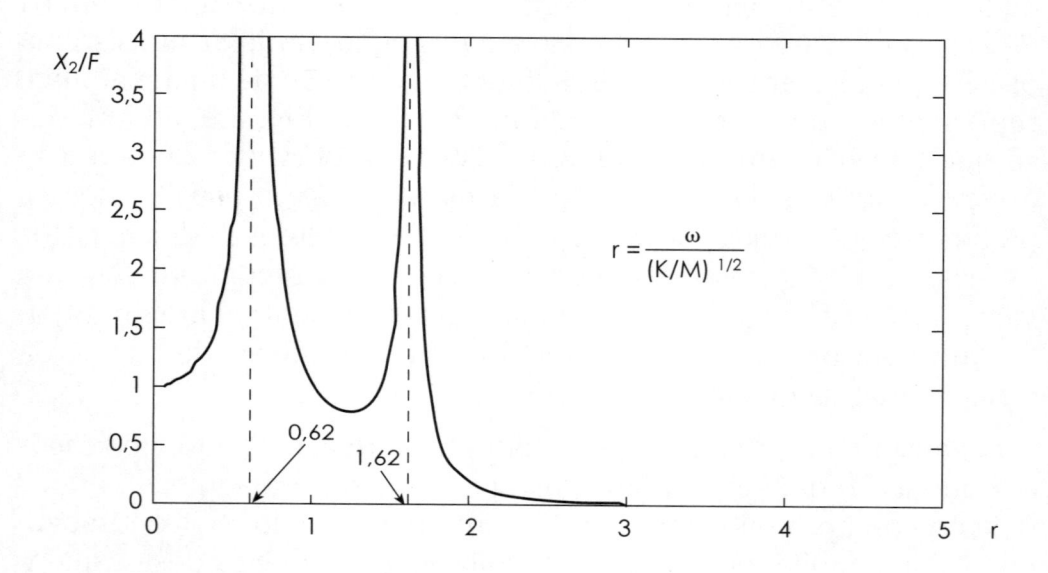

FIGURA 3.11 Amplitude do deslocamento da massa inferior em vibração forçada com dois graus de liberdade.

O sistema representado por (3.44) pode ser resolvido de maneira análoga à solução estudada neste desenvolvimento. O resultado que se obtém são curvas similares às apresentadas nas Figs. 3.10 e 3.11, com a diferença de que as amplitudes assumem valores finitos nas vizinhanças das freqüências naturais, e valores decrescentes com o aumento das constantes de amortecimento. Deixamos para os leitores a verificação desse caso.

3.5 SISTEMAS ACOPLADOS EM TRANSLAÇÃO E ROTAÇÃO COM DOIS GRAUS DE LIBERDADE

Em várias situações, as vibrações não ocorrem com deslocamentos puramente translacionais, como no caso das massas, ou puramente rotacionais, como nas torções de eixos. Um dos exemplos mais evidentes do acoplamento translacional-rotacional ocorre no movimento de veículos sobre rodas, como os automóveis, em que o peso do veículo (massa suspensa) se apóia no solo sobre quatro pontos, através de um conjunto de suspensões, formado por molas e amortecedores, eixos e rodas (massa não-suspensa).

Um modelo simplificado dos movimentos vibratórios acoplados de um veículo, considerando-se apenas o movimento num plano vertical, pode ser representado pela Fig. 3.12. A massa suspensa do veículo é representada por uma barra com massa M e momento de inércia J em relação ao centro de gravidade. A barra se apóia em dois pontos da suspensão, composta por molas e amortecedores. Desconsideram-se nesse modelo as massas não-suspensas e agrega-se a flexibilidade dos pneus à da suspensão. Um modelo mais detalhado pode levar esses efeitos em consideração mas, para o propósito de se analisar o efeito do acoplamento de movimentos, o modelo da Fig. 3.12 é suficiente.

Assume-se que os dois graus de liberdade são representados pelas coordenadas de deslocamento vertical do centro de gravidade y e pelo ângulo de rotação θ da massa suspensa, em relação a um eixo horizontal. Se considerarmos apenas pequenos deslocamentos em relação a uma configuração do conjunto em equilíbrio estático, poderemos utilizar as simplificações geométricas usuais, em que o seno do ângulo se reduz ao próprio ângulo e deslocamentos horizontais são desconsiderados, face aos deslocamentos verticais.

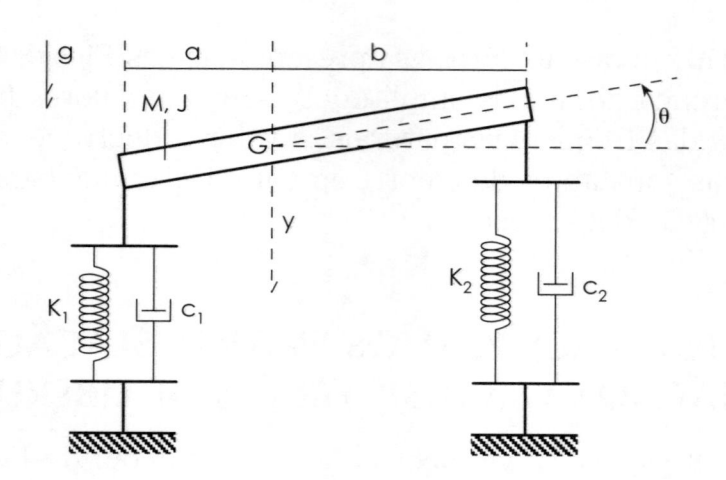

FIGURA 3.12 Modelo simplificado de veículo-suspensão com dois graus de liberdade.

Para efeito da determinação das freqüências naturais e dos modos de vibrar, podem-se desconsiderar os amortecedores da suspensão e focalizar apenas o efeito das molas e inércias.

Empregando, por exemplo, a segunda lei de Newton para as forças e o teorema do momento angular em relação ao centro de gravidade da massa suspensa, temos:

$$M\ddot{y} + K_1(y + a\theta) + K_2(y - b\theta) = 0,$$
$$J\ddot{\theta} + K_1(y + a\theta)a - K_2(y - b\theta)b = 0. \tag{3.59}$$

O acoplamento do sistema de equações diferenciais é mostrado na Eq. (3.60) pelas coordenadas linear e angular y e θ, e se dá através dos termos de rigidez. As Eqs. (3.60) se desacoplarão se o termo $(K_1a - K_2b)$, que aparece nas duas equações, se anular – o que em geral não ocorre:

e
$$M\ddot{y} + \left(K_1 + K_2\right)y + \left(K_1a - K_2b\right)\theta = 0,$$
$$J\ddot{\theta} + \left(K_1a - K_2b\right)y + \left(K_1a^2 + K_2b^2\right)\theta = 0. \tag{3.60}$$

O acoplamento acima descrito é conhecido como *estático* (Meirovitch, [7]). É possível deduzir um conjunto equivalente de equações adotando-se como coordenada o deslocamento vertical de um outro ponto da barra. Seja O esse ponto da barra, no qual uma força vertical, aplicada à barra, produz apenas translação; nesse caso, o acoplamento se dará pelos termos de inércia, o que é conhecido como *acoplamento dinâmico* (Meirovitch, [7]).

Uma pergunta natural: "Existirão coordenadas $q_1(t)$ e $q_2(t)$ que conduzirão a equações diferenciais totalmente desacopladas?" Veremos que sim. São as *coordenadas normais*, descritas no Cap. 4.

Adotando um procedimento anterior, assumimos que a solução do sistema (3.60) é do tipo suposto em (3.3), adotando $s = j\omega$, pois sabe-se que a solução da equação característica não apresentará parte real, pela ausência de amortecimento:

$$
\begin{aligned}
y(t) &= C_1 e^{j\omega t}, \\
\theta(t) &= C_2 e^{j\omega t}.
\end{aligned}
\tag{3.61}
$$

Substituindo (3.61) em (3.60), chegamos a:

$$
\left(\begin{bmatrix} -\omega^2 M & 0 \\ 0 & -\omega^2 J \end{bmatrix} + \begin{bmatrix} \left(K_1 + K_2 \right) & \left(K_1 a - K_2 b \right) \\ \left(K_1 a - K_2 b \right) & \left(K_1 a^2 + K_2 b^2 \right) \end{bmatrix} \right) \begin{bmatrix} C_1 \\ C_2 \end{bmatrix} = \begin{bmatrix} 0 \\ 0 \end{bmatrix}.
\tag{3.62}
$$

A equação característica é facilmente calculada pelo determinante da matriz, conforme (3.63):

$$
\det \begin{bmatrix} \left(K_1 + K_2 \right) - \omega^2 M & \left(K_1 a - K_2 b \right) \\ \left(K_1 a - K_2 b \right) & \left(K_1 a^2 + K_2{}^2 \right) - \omega^2 J \end{bmatrix} = 0.
\tag{3.63}
$$

Ou, definindo

$$
\alpha = \frac{K_1 + K_2}{M}; \quad \beta = \frac{K_1 a - K_2 b}{M}; \quad \text{e} \quad \gamma = \frac{K_1 a^2 + K_2 b^2}{J}, \tag{3.64}
$$

de (3.63) teremos:

$$
\left(\alpha - \omega^2 \right)\left(\gamma - \omega^2 \right) - \left(\frac{\beta}{i} \right)^2 = 0,
\tag{3.65}
$$

ou

$$\omega^4 - (\alpha + \gamma)\omega^2 + \left[\alpha\gamma - \left(\frac{\beta}{i}\right)^2\right] = 0, \qquad (3.66)$$

sendo $i = (J/M)^{1/2}$ o raio de giração associado ao momento de inércia J.

A solução da equação biquadrática para ω^2 fornece:

$$\omega^2 = \frac{\alpha + \gamma}{2} \pm \left[0,25(\alpha - \gamma)^2 + \left(\frac{\beta}{i}\right)^2\right]^{1/2}. \qquad (3.67)$$

A título de ilustração, vamos assumir que, para um veículo de passeio, sejam $\gamma/\alpha = 1,3$ e $\beta/i = 0,225\alpha$. Resulta então:

$$\omega^2 = 1,05\alpha \pm 0,229\alpha. \qquad (3.68)$$

Se assumirmos que a freqüência $(\alpha)^{1/2}$ associada ao movimento puramente vertical da massa suspensa localiza-se em torno de 6,28 rad/s (ou 1 Hz), teremos:

$$\omega_1 = 5,52 \text{ rad/s} \quad \text{e} \quad \omega_2 = 7,16 \text{ rad/s}. \qquad (3.69)$$

Os modos de vibrar podem ser calculados substituindo-se os valores encontrados em (3.69) na equação que resulta de (3.62):

$$\frac{C_2}{C_1} = \frac{\omega^2 - \alpha}{\beta} \quad \text{ou} \quad \frac{C_2}{C_1} = -\left(\frac{\beta/i^2}{\gamma - \omega^2}\right). \qquad (3.70)$$

Se assumirmos a relação $(\beta/\alpha) = 0,95$ e $\beta > 0$, com $\omega_1 = 5,52$ rad/s, teremos, usando a primeira relação de (3.70):

$$\frac{C_2}{C_1} = -0,24.$$

De forma análoga, para $\omega_2 = 7,16$ rad/s, chega-se a:

$$\frac{C_2}{C_1} = 0,32.$$

O sinal negativo para o primeiro modo indica que, para um deslocamento positivo vertical (para baixo), o deslocamento angular da barra é negativo; ou seja, no sentido horário, de modo que o nó desse modo ocorre à esquerda do centro de gravidade do veículo, conforme mostrado na Fig. 3.13.

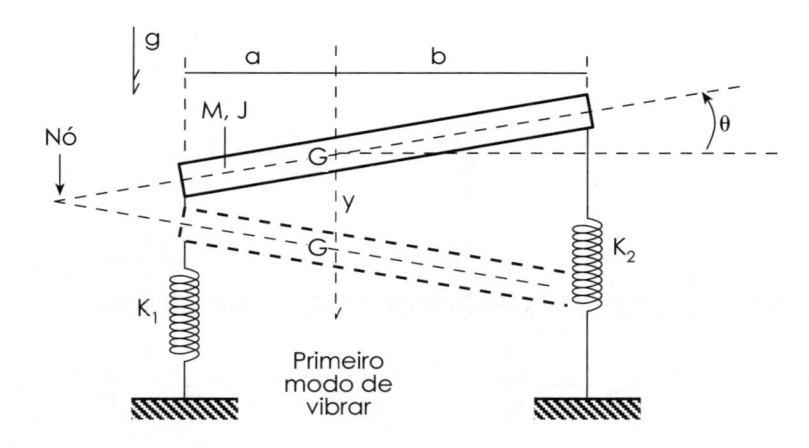

FIGURA 3.13 Primeiro modo de vibrar do sistema acoplado translação-rotação.

Da mesma forma, na Fig. 3.14 é mostrado o segundo modo de vibrar, com o nó ocorrendo internamente às molas.

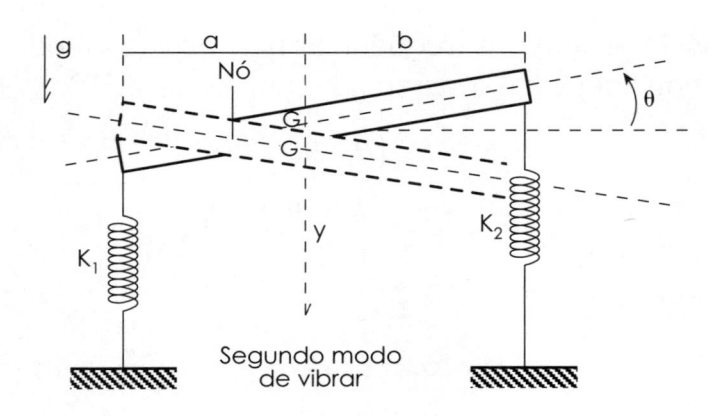

FIGURA 3.14 Segundo modo de vibrar do sistema acoplado translação-rotação.

3.6 SISTEMAS SEMIDEFINIDOS COM DOIS GRAUS DE LIBERDADE

Consideremos sistemas como os representados nas Figs. 3.15 e 3.16, que têm dois graus de liberdade, mas apresentam apenas uma freqüência natural não-nula. Esses sistemas são chamados de *semidefinidos*.

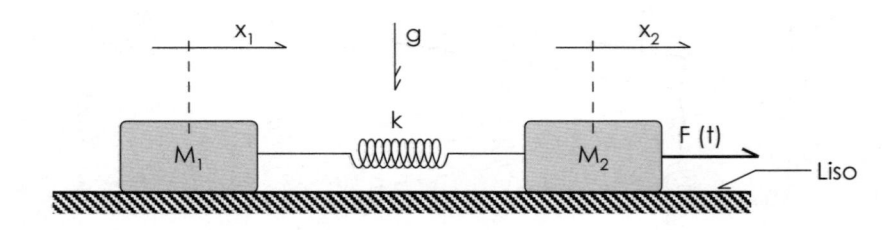

FIGURA 3.15 Sistema semidefinido, com massas em vibração horizontal.

O equacionamento do sistema torcional da Fig. 3.16, por aplicação do TMA aos dois discos, sendo M_{T1} e M_{T2} torques aplicados aos discos (fontes de vibração) leva às Eqs. (3.71):

$$J_1\ddot{\theta}_1 + K_T\left(\theta_1 - \theta_2\right) = M_{T_1},$$
$$J_2\ddot{\theta}_2 + K_T\left(\theta_2 - \theta_1\right) = M_{T_2}. \tag{3.71}$$

Podemos determinar as freqüências naturais e os modos de vibrar associados, considerando o sistema homogêneo (3.72):

$$J_1\ddot{\theta}_1 + K_T\left(\theta_1 - \theta_2\right) = 0,$$
$$J_2\ddot{\theta}_2 + K_T\left(\theta_2 - \theta_1\right) = 0. \tag{3.72}$$

Assumindo a solução

$$\theta_1 = C_1 e^{st}$$
$$\theta_2 = C_2 e^{st} \tag{3.73}$$

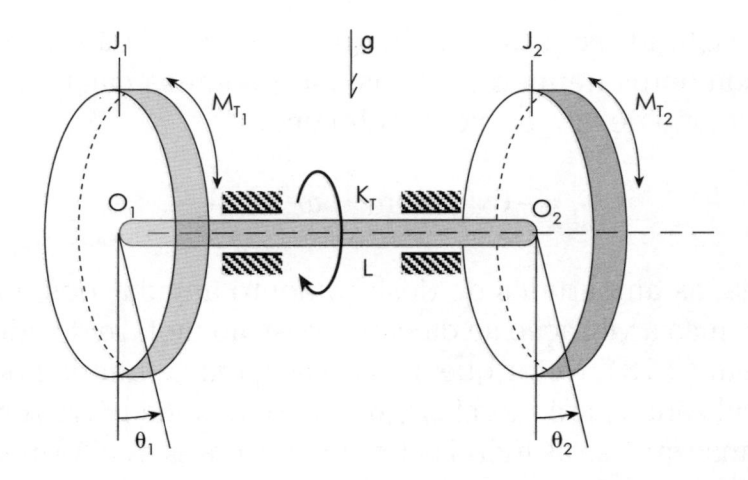

FIGURA 3.16 Sistema semidefinido, com discos em vibração torcional.

e inserindo em (3.72), resulta o sistema algébrico de equações:

$$\begin{bmatrix} J_1 s^2 + K_T & -K_T \\ -K_T & J_2 s^2 + K_T \end{bmatrix} \begin{bmatrix} C_1 \\ C_2 \end{bmatrix} = \begin{bmatrix} 0 \\ 0 \end{bmatrix}. \tag{3.74}$$

A solução de (3.74) exige a resolução da equação característica:

$$J_1 J_2 s^4 + \left(J_1 K_T + J_2 K_T \right) s^2 = 0, \tag{3.75}$$

ou seja,

$$\left[J_1 J_2 s^2 + \left(J_1 K_T + J_2 K_T \right) \right] s^2 = 0. \tag{3.76}$$

Temos, portanto, duas soluções em s^2:

$$-s^2 = \omega_{n_1}^2 = 0,$$

$$-s^2 = \omega_{n_2}^2 = \frac{K_T \left(J_1 + J_2 \right)}{J_1 J_2}. \tag{3.77}$$

Substituindo esses valores de volta em (3.74), para cálculo dos modos de vibrar, temos, para $s^2 = 0$, $C_1 = C_2$; e, como nesse caso $C_1 e^{st} = C_1$, resulta que essa solução representa o *movimento do conjunto em rotação pura*, como se fosse um único corpo sólido.

Para a segunda solução com freqüência natural não-nula, fazendo os dois momentos de inércia iguais a J, podemos calcular o correspondente modo de vibrar, que resulta em:

$$C_1 = -C_2 \quad \text{com} \quad \omega_n^2 = \frac{2K_T}{J}. \tag{3.78}$$

Ou seja, as amplitudes de deslocamento angular dos dois discos são iguais, mas a vibração se dá com oposição de fase devido ao sinal negativo em (3.78). Notar que, nesse caso, existe um nó no modo de vibrar, localizado (para inércias iguais) no meio da barra torcional. É fácil imaginar que, se as inércias forem diferentes e se formos aumentando J_1 em relação a J_2, o nó irá se deslocar em direção ao disco 1; e, no limite, para J_1 infinitamente grande em relação a J_2, teremos o nó na posição do disco 1; ou seja, o sistema terá o comportamento de *um grau de liberdade*.

VIBRAÇÕES COM *N* GRAUS DE LIBERDADE

Neste capítulo, são considerados sistemas vibratórios com mais de dois graus de liberdade. Trata-se da extensão de nossa exposição para sistemas caracterizados por mais de duas *coordenadas generalizadas.*

A vibração será definida pela solução de um sistema de equações diferenciais ordinárias na variável independente t. Em geral, será conveniente a utilização de matrizes para o tratamento do problema.

Vamos proceder a uma breve introdução do conceito de graus de liberdade para um sistema mecânico, embora isso seja tratado com maior detalhe no Apêndice II.

O conceito de *graus de liberdade* está associado aos possíveis deslocamentos que um conjunto de corpos acoplados pode realizar no espaço físico. Assim, um ponto material totalmente livre pode efetuar deslocamentos nas três direções do espaço; tem, portanto, três graus de liberdade, que coincidem com o número de coordenadas necessárias para definir um deslocamento finito do ponto.

Chamam-se *vínculos* as restrições impostas ao deslocamento dos corpos móveis. Os vínculos sempre diminuem os graus de liberdade. Assim, se o deslocamento do ponto for restrito a um plano, o número de graus de liberdade passará a ser dois e, se for restrito a uma reta, terá apenas um grau de liberdade. É evidente que, se o ponto material por ação vincular não puder sofrer deslocamentos, então não terá nenhum grau de liberdade.

Aplicando esse conceito a um corpo rígido, livre no espaço, teremos seis graus de liberdade. Por exemplo, podemos caracterizar o deslocamento do corpo pelas coordenadas cartesianas de um ponto do corpo e por três ângulos independentes que caracterizem rotações em torno de um referencial fixo. O sistema de três ângulos de Euler, da Mecânica Clássica, pode ser escolhido para essa finalidade – precessão, nutação e rotação própria (*spin*). Se o corpo for uma figura plana, rígida, movimentando-se em seu plano, três coordenadas caracterizarão seus deslocamentos. Tal corpo terá três graus de liberdade.

O conceito de graus de liberdade pode ser estendido a um conjunto de corpos acoplados, por exemplo, por meio de articulações (a presença de molas ou amortecedores não restringe os graus de liberdade do sistema). Vamos considerar aqui apenas casos simples de corpos acoplados em vibração.

Um sistema mecânico composto de n corpos sólidos acoplados pode ter sua configuração geométrica caracterizada de várias maneiras, pelo uso de diferentes sistemas de coordenadas em relação a um sistema de referência fixo, conforme vimos anteriormente. Definimos *espaço de configurações do sistema* como o conjunto de todas as possíveis posições geométricas que o sistema pode assumir obedecendo às restrições aos deslocamentos impostas pelos vínculos.

A Fig. 4.1 exemplifica um sistema de duas barras acopladas que podem se mover num plano. As duas barras, de comprimentos l_1 e l_2, articulam-se no ponto B. Supõe-se fixa a articulação A da primeira barra em relação ao referencial.

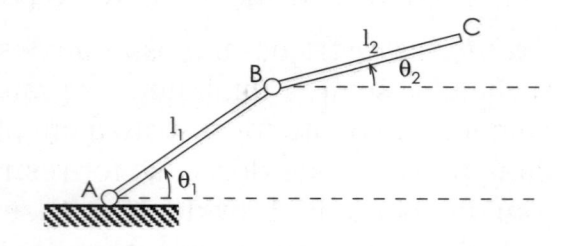

FIGURA 4.1 Sistema de duas barras articuladas.

Essa primeira articulação impõe que o deslocamento de qualquer outro ponto da barra AB se dê segundo um arco de circunferência. A articulação B une extremidades das duas barras, impondo iguais deslocamentos a essas extremidades; impõe, ainda, que o deslocamento dos pontos da segunda barra se dê segundo arcos de circunferência em relação a um referencial fixo na primeira barra.

Os vínculos impõem restrições fortes aos possíveis deslocamentos planos dos pontos das duas barras, de modo que apenas duas coordenadas bem escolhidas são suficientes para descrever a posição de cada ponto do conjunto de barras para cada elemento do espaço de configurações. Notar que, nesse caso, dois ângulos (θ_1 e θ_2) definem completamente a geometria do conjunto formado pelas duas barras. A posição de qualquer ponto do conjunto das barras fica definida pelas coordenadas cartesianas ou pelas coordenadas angulares escolhidas, ou por combinações delas. O fato é que duas variáveis independentes definem a configuração geométrica do sistema.

O número mínimo de *coordenadas independentes* necessárias para definir completamente o espaço de configurações de um sistema de corpos acoplados chama-se *número de graus de liberdade* do sistema. As variáveis (coordenadas) são conhecidas como *coordenadas generalizadas* do sistema.

Se considerarmos o movimento do conjunto de corpos acoplados, teremos a dependência das coordenadas em relação à variável tempo. As derivadas em relação ao tempo são chamadas de *velocidades generalizadas* do sistema. Pode-se mostrar que é possível calcular a velocidade de qualquer ponto do conjunto de corpos conhecendo-se o valor, em cada instante, das velocidades generalizadas do sistema.

É possível estender esses conceitos para além do caso cinemático, isto é, para a ação dinâmica, associando-se massas aos corpos e forças externas ao sistema, como a ação da gravidade ou outras forças ativas.

As equações do movimento do sistema podem ser obtidas diretamente, em termos das coordenadas generalizadas e suas derivadas, sem necessidade de se recorrer ao método newtoniano, mas sim por métodos escalares, por considerações do balanço de energia do sistema. Esse método é objeto da Mecânica Analítica, em contraposição ao método vetorial do equilíbrio dinâmico de forças.

Utilizaremos os métodos da Mecânica Analítica em alguns exemplos para ilustrar seu potencial. Não é nosso objetivo apresentar aqui o seu completo desenvolvimento teórico; os leitores interessados encontrarão no Apêndice II uma introdução resumida ou poderão consultar obras mencionadas na Bibliografia, especialmente [5] e [7].

4.1 VIBRAÇÕES LIVRES COM *N* GRAUS DE LIBERDADE

Vamos considerar a Fig. 4.2, em que n blocos de massas M_i ($i = 1$, n), unidas por molas de constante elástica K_i ($i = 1$, n), são levados a uma posição de equilíbrio estático no campo gravitacional. As variáveis, correspondentes aos deslocamentos verticais das massas, caracterizam a vibração do sistema a partir da posição de referência estática (posição de equilíbrio do sistema). Assume-se que os blocos só podem se deslocar verticalmente.

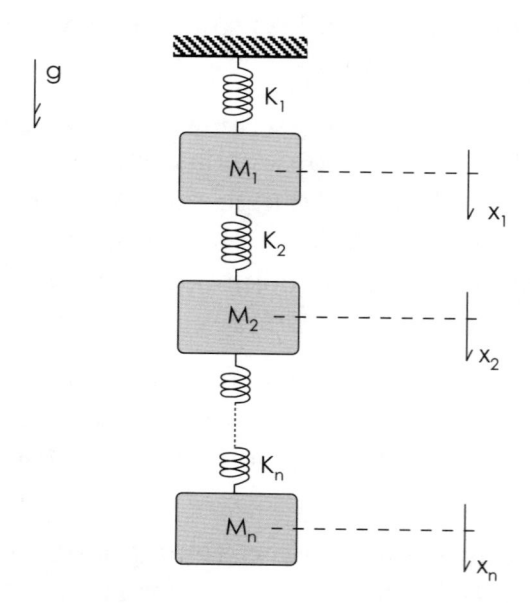

FIGURA 4.2 Sistema vibratório livre sem amortecimento com *n* graus de liberdade.

Já que não há forças externas aplicadas sobre as massas (fontes de vibração), sua vibração só pode ocorrer por condições iniciais não-nulas, como, por exemplo, impondo deslocamento inicial não-nulo a uma das massas. O sistema passará a vibrar por ação das forças das molas e das forças inerciais. É de esperar que a vibração de uma das massas interfira com a vibração da outra e vice-versa, ou seja, que os movimentos vibratórios ocorram de forma acoplada.

O equacionamento do sistema pode ser realizado pela utilização do método newtoniano, considerando-se o diagrama de corpo livre de cada um dos blocos, aplicando-se todas as forças que atuam sobre os blocos e, em seguida, a segunda lei de Newton. Desse modo, seguindo o que já foi discutido no sistema com dois graus de liberdade, teremos para o bloco de massa M_1:

$$M_1 \ddot{x}_1 + K_1 x_1 + K_2 \left(x_1 - x_2 \right) = 0. \tag{4.1}$$

De modo similar, para a massa M_2, teremos:

$$M_2 \ddot{x}_2 + K_3 x_2 + K_2 \left(x_2 - x_1 \right) = 0. \tag{4.2}$$

Para a massa M_n, nesse caso, teremos:

$$M_n \ddot{x}_n + K_n \left(x_n - x_{n-1} \right) = 0. \tag{4.3}$$

A vibração livre é caracterizada por n equações diferenciais de segunda ordem nas variáveis x_i, acopladas pelos termos contendo as constantes K_i ($i = 1, n$). O conjunto de n equações diferenciais caracterizado por equações do tipo de (4.1) a (4.3) constitui um sistema de equações.

É possível generalizar de forma compacta esse sistema usando notação e operações matriciais. Seja o sistema descrito por:

$$M\ddot{\mathbf{x}} + K\mathbf{x} = \mathbf{0}, \tag{4.4}$$

em que M (simétrica e definida positiva) e K (simétrica) são chamadas, respectivamente, matrizes de massa e de rigidez, que multiplicam, também respectivamente, as matrizes coluna x e $\ddot{x}$, as quais agrupam as coordenadas generalizadas e suas derivadas segundas com relação ao tempo t.

Observação

Diremos que uma matriz simétrica será definida como positiva se seu determinante for positivo. Demonstra-se que, nesse caso, existe a matriz inversa.

Se acrescentarmos, além das molas, amortecimento entre as massas da Fig. 4.2, teremos a equação na forma matricial:

$$M\ddot{\mathbf{x}} + D\dot{\mathbf{x}} + K\mathbf{x} = \mathbf{0}, \tag{4.5}$$

onde D é admitida simétrica e multiplica a matriz coluna das derivadas primeiras $\dot{x}$.

Existindo a inversa M^{-1}, teremos:

$$\ddot{\mathbf{x}} + M^{-1}D\dot{\mathbf{x}} + M^{-1}K\mathbf{x} = \mathbf{0}, \tag{4.6}$$

ou

$$\ddot{\mathbf{x}} = -M^{-1}D\dot{\mathbf{x}} - M^{-1}K\mathbf{x}. \tag{4.7}$$

Introduzindo o vetor

$$\mathbf{q}(\mathbf{x},\dot{\mathbf{x}})^t \quad \text{e, portanto,} \quad \dot{\mathbf{q}} = (\dot{\mathbf{x}},\ddot{\mathbf{x}})^t, \tag{4.8}$$

obtém-se:

$$\dot{\mathbf{q}} = \begin{bmatrix} \dot{x} \\ \ddot{x} \end{bmatrix} = \begin{bmatrix} O_n & \vdots & I_n \\ \hline -M^{-1}K & \vdots & -M^{-1}D \end{bmatrix} \mathbf{q} = L\mathbf{q}, \tag{4.9}$$

onde

$$L = \begin{bmatrix} O_n & \vdots & I_n \\ \hline -M^{-1}K & \vdots & -M^{-1}D \end{bmatrix}.$$

A resolução de (4.9) se reduz ao sistema linear

$$(L - \lambda I_{2n})\mathbf{u} = \mathbf{0}, \tag{4.10}$$

onde os λ são os autovalores de L.

Se L for diagonalizável (por meio de uma transformação de semelhança), por exemplo, se seus autovalores forem distintos, por meio de uma transformação

$$\mathbf{q} = H\mathbf{y}, \qquad (4.11)$$

as novas coordenadas y_j serão chamadas de *coordenadas normais* do problema de vibrações com amortecimento.

Nesse caso, a solução do problema se escreve imediatamente. O sistema se desacopla completamente nas coordenadas normais. Teremos um conjunto de $2n$ equações de primeira ordem em y.

O exemplo a seguir ilustra, para dois graus de liberdade, o caso em que os autovalores de L são distintos.

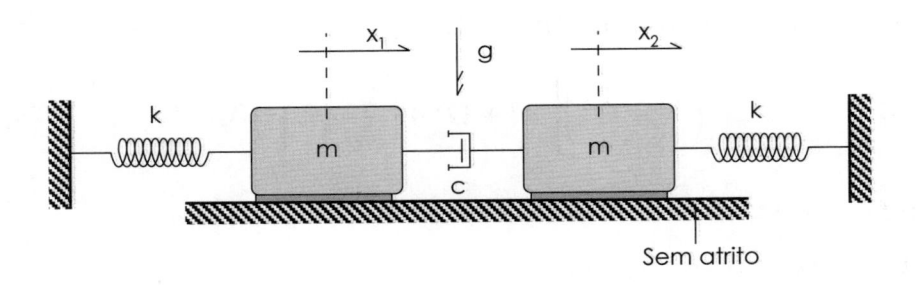

FIGURA 4.3 Exemplo de sistema com L diagonalizável.

Chamemos x_1 e x_2 as abscisas das massas. Suponhamos que elas sejam nulas quando as molas não estão deformadas. Escrevendo $\mathbf{x} = (x_1, x_2)^t$, verificamos que a equação do sistema tem a forma de (4.5), com

$$M = mI_2, \quad K = kI_2 \quad \text{e} \quad D = \begin{bmatrix} c & -c \\ -c & c \end{bmatrix}.$$

Esse problema tem solução imediata, pois é fácil verificar que as variáveis $(x_1 + x_2)$ e $(x_1 - x_2)$ são coordenadas normais que desacoplam o sistema.

O método geral de solução não é, então, no caso presente, o mais rápido. Vamos, entretanto, apresentá-lo a título de exemplo.

A matriz L é

$$L = \left[\begin{array}{c|c} O_2 & I_2 \\ \hline -\left(\frac{K}{m}\right)I_2 & -\left(\frac{1}{m}\right)D \end{array}\right].$$

Pode-se verificar que se obtêm seus autovalores escrevendo a matriz

$$\lambda^2 M + \lambda D + K \tag{4.12}$$

e resolvendo-se a equação

$$\det\left(\lambda^2 M + \lambda D + K\right) = 0. \tag{4.13}$$

O cálculo correspondente mostra que essa equação se escreve

$$\left(\lambda^2 + \Omega^2\right)\left[\lambda^2 + \Omega^2 + \left(\frac{2c}{m}\right)\lambda\right] = 0, \tag{4.14}$$

onde $\Omega^2 = k/m$.

As quatro raízes são distintas

$$\lambda_{1,2} = \pm j\Omega \quad \text{e} \quad \lambda_{3,4} = (-c/m) \pm j\omega, \tag{4.15}$$

em que $\omega^2 = (k/m) - (c/m)^2$ (supondo-se positiva a diferença anterior).

A partir dos autovetores correspondentes a esses autovalores, obtém-se a solução geral

$$
\begin{aligned}
x_1 &= C_1 e^{\lambda_1 t} + C_2 e^{\lambda_2 t} + C_3 e^{\lambda_3 t} + C_4 e^{\lambda_4 t}; \\
x_2 &= C_1 e^{\lambda_1 t} + C_2 e^{\lambda_2 t} - C_3 e^{\lambda_3 t} - C_4 e^{\lambda_4 t}; \\
\dot{x}_1 &= C_1 \lambda_1 e^{\lambda_1 t} + C_2 \lambda_2 e^{\lambda_2 t} + C_3 \lambda_3 e^{\lambda_3 t} + C_4 \lambda_4 e^{\lambda_4 t}; \\
\dot{x}_2 &= C_1 \lambda_1 e^{\lambda_1 t} + C_2 \lambda_2 e^{\lambda_2 t} - C_3 \lambda_3 e^{\lambda_3 t} - C_4 \lambda_4 e^{\lambda_4 t}.
\end{aligned}
\tag{4.16}
$$

Como se sabe, essa solução geral também pode ser escrita como

$$x_1 = C_1 \text{ sen } \Omega t + C_2 \cos \Omega t + C_3 e^{-ct/m} \text{ sen } \omega t + C_4 e^{-ct/m} \cos \omega t;$$

$$x_2 = C_1 \text{ sen } \Omega t + C_2 \cos \Omega t - C_3 e^{-ct/m} \text{ sen } \omega t - C_4 e^{-ct/m} \cos \omega t;$$

$$\dot{x}_1 = C_1 \Omega \cos \Omega \omega t - C_2 \Omega \text{ sen } \Omega \omega t + e^{-ct/m}$$

$$\left\{ \left[-C_3 \left(\frac{c}{m} \right) - C_4 \omega \right] \text{ sen } \omega t + \left[C_3 \omega - C_4 \left(\frac{c}{m} \right) \right] \cos \omega t \right\};$$

$$\dot{x}_2 = C_1 \Omega \cos \Omega \omega t - C_2 \Omega \text{ sen } \Omega \omega t + e^{-ct/m}$$

$$\left\{ \left[C_3 \left(\frac{c}{m} \right) + C_4 \omega \right] \text{ sen } \omega t + \left[-C_3 \omega - C_4 \left(\frac{c}{m} \right) \right] \cos \omega t \right\}.$$

Como era previsível, terminada a fase transitória, só restarão os dois primeiros termos nas expressões acima.

Teorema

Uma condição necessária e suficiente para que L seja diagonalizável é que as matrizes $M^{-1}K$ e $M^{-1}D$ comutem, isto é,

$$\left(M^{-1}K \right)\left(M^{-1}D \right) = \left(M^{-1}D \right)\left(M^{-1}K \right) \tag{4.17}$$

(ver a referência [9], p. 144)

Devido à diagonalização simultânea das matrizes M, D e K, pode-se falar em *amortecimento modal*.

Observação

Um caso particular importante na qual a condição (4.17) se verifica é aquele do *amortecimento proporcional*.

Isto é, quando

$$D = \alpha M + \beta K. \tag{4.18}$$

De fato,

$$M^{-1}D = \alpha\,I + \beta M^{-1}K,$$

$$\left(M^{-1}D\right)\left(M^{-1}K\right) = M^{-1}(\alpha M + \beta K)\left(M^{-1}K\right) =$$

$$\alpha M^{-1}K + \beta\left(M^{-1}K\right)^2 = \left(M^{-1}K\right)\left(\alpha I + \beta M^{-1}K\right) = \left(M^{-1}K\right)\left(M^{-1}D\right).$$

Consideremos novamente a Eq. (4.5). Seja U a matriz de transformação que diagonaliza simultaneamente M e K. *Teremos, portanto,*

$$U^t MU\ddot{\mathbf{q}} + U^t DU\dot{\mathbf{q}} + U^t KU\mathbf{q} = \mathbf{0}. \tag{4.19}$$

Em geral $U^t DU$ não será diagonal, de modo que a mudança de variável $\mathbf{x} = U\mathbf{q}$ em geral não desacopla completamente o sistema.

No caso de o amortecimento ser pequeno, podemos desprezar os termos fora da diagonal principal da matriz $U^t\,DU$ e, considerando somente os termos dessa diagonal, empregar o método anterior, da análise modal, para estudar o sistema. (ver [11], p. 337).

4.2 VIBRAÇÕES FORÇADAS COM *N* GRAUS DE LIBERDADE

A extensão para vibração forçadas com n graus de liberdade pode ser visualizada na Fig. 4.4, onde um conjunto de forças é aplicado às massas M_i, correspondentes a fontes de vibração atuando no sistema vibratório.

O equacionamento do sistema vibratório pode ser conduzido, no caso mais simples da Fig 4.4, aplicando-se as leis de Newton, resultando no sistema de equações:

$$M_1\ddot{x}_1 + K_1 x_1 + K_2\left(x_1 - x_2\right) = F_1. \tag{4.20}$$

De modo similar, para a massa M_2 temos:

$$M_2\ddot{x}_2 + K_3 x_2 + K_2\left(x_2 - x_1\right) = F_2. \tag{4.21}$$

Para a massa M_n, nesse caso, temos:

$$M_n\ddot{x}_n + K_n\left(x_n - x_{n-1}\right) = F_n. \tag{4.22}$$

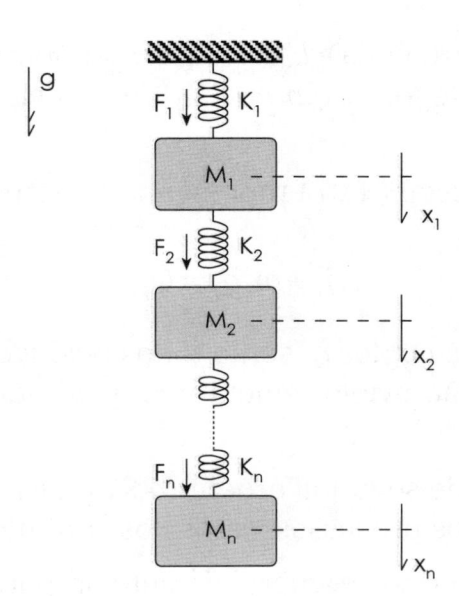

FIGURA 4.4 Sistema vibratório em vibração forçada, com *n* graus de liberdade.

Conforme citado anteriormente, existem maneiras alternativas de se obterem as equações do sistema vibratório, em particular empregando-se o método das equações de Lagrange. Nesse caso, o sistema vibratório é expresso pelas equações seguintes na forma matricial:

$$M\ddot{\mathbf{x}} + K\mathbf{x} = \mathbf{f}, \qquad (4.23)$$

onde são definidas as matrizes quadradas K, M (definida positiva) e a matriz coluna f (forças generalizadas), associada às n coordenadas x, tendo todas as matrizes dimensões compatíveis com (4.23).

Seja U a matriz de transformação que permite passar das coordenadas x para coordenadas normais q, mediante

$$\mathbf{x} = U\mathbf{q}. \qquad (4.24)$$

Pode-se escrever:

$$MU\ddot{\mathbf{q}} + KU\mathbf{q} = \mathbf{f}. \qquad (4.25)$$

Multiplicando, à esquerda, por U^t, obtemos:

$$U^t MU\ddot{\mathbf{q}} + U^t KU\mathbf{q} = U^t \mathbf{f}. \qquad (4.26)$$

O processo de diagonalização simultânea das matrizes M e K garante que $U^t MU$ e $U^t KU$ são matrizes diagonais.

O vetor (matriz coluna) $U^t\mathbf{f}$, o qual denotaremos por $\mathbf{Q}$, é um n-vetor, chamado de *força generalizada* associada às coordenadas normais q.

A equação matricial (4.27) representa um sistema de n equações escalares do tipo:

$$\ddot{q}_i + \omega_i^2 q_i = Q_i, \tag{4.27}$$

onde os coeficientes ω_i^2 dos q_i serão todos positivos se K for também positiva definida. São evidentemente os quadrados das freqüências naturais.

As n equações de segunda ordem (4.27), desacopladas, se resolvem facilmente pelos processos vistos nos capítulos anteriores.

A adição de um termo de amortecimento proporcional a $\dot{x}$ em (4.23) em geral não conduz a um sistema de n equações de segunda ordem desacopladas, devido à não-diagonalização do termo correspondente, a não ser em casos muito particulares, conforme visto na Sec. 4.1.

4.3 ALGUNS EXEMPLOS

Exemplo 1

Na Fig. 4.5, o sistema de duas massas se acha em equilíbrio estático pela ação das forças de mola, quando, num certo instante inicial, é aplicada uma força de intensidade constante F. Achar as forças generalizadas associadas às coordenadas x e, em seguida, aquelas associadas às coordenadas normais do problema. Escrever as equações do movimento nas coordenadas normais.

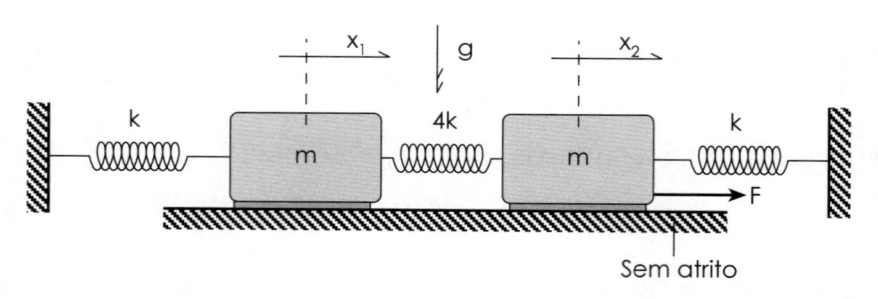

FIGURA 4.5 Vibração forçada — Exemplo 1.

Exemplo 2

Na Fig. 4.6, duas barras se apóiam sobre três molas nos pontos extremos e na articulação B. Em C é aplicada uma força de intensidade constante. Achar as forças generalizadas e escrever as equações para as coordenadas normais.

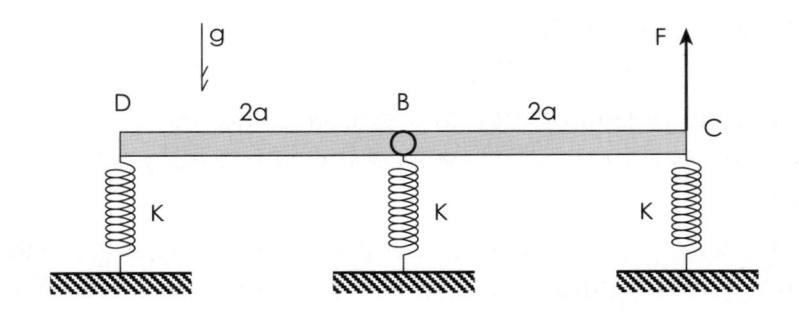

FIGURA 4.6 Vibração forçada — Exemplo 2.

4.4 VIBRAÇÃO COM N GRAUS DE LIBERDADE USANDO EQUAÇÕES DE LAGRANGE

Vamos aplicar a teoria resumida no Apêndice II a sistemas vibratórios livres, admitindo que o sistema mecânico seja descrito por um conjunto de n coordenadas generalizadas q_j, com $j = 1$, n, portanto com n graus de liberdade, e que possa ser linearizado nas vizinhanças de suas posições de equilíbrio.

Seja a origem ($q_j = 0$; $j = 1$, n) uma dessas posições de equilíbrio. Nesse caso, a energia cinética do sistema é a *forma quadrática* nas *velocidades generalizadas* q_j:

$$T = \frac{1}{2}\dot{\mathbf{q}}^t A \dot{\mathbf{q}}, \tag{4.28}$$

onde $\mathbf{q}$ é o vetor (matriz coluna), $\mathbf{q}^t$ a sua transposta, e A uma matriz constante ($n \times n$), definida positiva:

$$\mathbf{q} = \begin{bmatrix} q_1 \\ q_2 \\ \vdots \\ q_n \end{bmatrix}.$$

Quanto à energia potencial V das forças atuantes, vamos considerar seu desenvolvimento, em *série de Taylor*, nas vizinhanças do ponto de equilíbrio, a origem (ver o Apêndice II).

Sendo essa energia potencial definida, a menos de uma constante arbitrária, vamos impor $V(\mathbf{0})$, sendo $\mathbf{0}$ o vetor nulo de coordenadas generalizadas.

Sabe-se que as forças generalizadas Q_j, calculadas na origem, são todas nulas (pelo equilíbrio); isto é, na origem, as derivadas primeiras da energia potencial V são nulas.

O desenvolvimento de V em série terá, então, como primeiro termo diferente de zero, o termo quadrático nos q_j:

$$V \approx V'' = \frac{1}{2}\mathbf{q}^t C \mathbf{q}, \tag{4.29}$$

onde C é a matriz $(n \times n)$ das derivadas segundas da energia potencial, calculada na posição de equilíbrio $\mathbf{q} = \mathbf{0}$:

$$C = \frac{\partial^2 V}{\partial q_i \partial q_j}\bigg|_{q=0}, \tag{4.30}$$

sendo

$$\frac{\partial T}{\partial \dot{\mathbf{q}}} = \dot{\mathbf{q}}^t A; \quad \rightarrow \frac{\partial T}{\partial \mathbf{q}} = \mathbf{0}^t; \quad \frac{\partial V}{\partial \mathbf{q}} = -\mathbf{q}^t C; \quad \ddot{\mathbf{q}}^t A + \mathbf{q}^t C = \mathbf{0}^t.$$

Mas, como A e C são simétricas, vem:

$$A\ddot{\mathbf{q}} + C\mathbf{q} = \mathbf{0}. \tag{4.31}$$

Diz-se que A é a *matriz de inércia* e C a *matriz de rigidez* do sistema mecânico para n graus de liberdade.

Procuremos agora, para (4.31), uma solução particular da forma

$$\mathbf{q} = \mathbf{u}\,\mathrm{sen}(\omega t + \alpha), \tag{4.32}$$

onde o vetor $\mathbf{u}$ e os escalares ω e α são constantes a serem determinadas. Temos

$$\ddot{\mathbf{q}} = -\mathbf{u}\omega^2\,\mathrm{sen}(\omega t + \alpha). \tag{4.33}$$

Substituindo na equação diferencial (4.31) e cancelando os senos, obtemos

$$\left(-\omega^2 A + C\right)\mathbf{u} = \mathbf{0}.$$

Denotando $\omega^2 \equiv \lambda$, esse sistema linear se torna

$$(C - \lambda A)\mathbf{u} = \mathbf{0}. \tag{4.34}$$

Se todas as componentes de $\mathbf{u}$ forem nulas, teremos a solução de equilíbrio $\mathbf{q} = \mathbf{0}$ (correspondente a $\mathbf{u} = \mathbf{0}$).

As soluções diferentes do equilíbrio (soluções não-triviais) existirão se

$$\det(C - \lambda A) = 0. \tag{4.35}$$

Essa equação algébrica em λ chama-se *equação característica*, ou *equação de freqüência* em sistemas vibratórios.

Como A e C são simétricas e A *definida positiva*, pode-se demonstrar que as raízes da equação característica são todas reais (ver a esse respeito [4]).

Suporemos, daqui em diante, a matriz C também definida positiva. Isso equivale a dizer que a função $V(\mathbf{q})$ apresenta um mínimo relativo isolado em $\mathbf{q} = \mathbf{0}$ (o que implica ser $\mathbf{q} = \mathbf{0}$ posição de equilíbrio estável).

Nesse caso, demonstra-se que as raízes $\lambda_j = \omega_j^2$ (da equação característica), além de reais, são positivas. Portanto correspondem a freqüências ω_j reais, chamadas *freqüências naturais das pequenas oscilações*.

Vamos considerá-las ordenadas, de maneira que

$$0 < \omega_1 \le \omega_2 \le \cdots \le \omega_n.$$

A freqüência mais baixa, ω_1, chama-se *freqüência fundamental*.

A cada raiz λ_j, da equação característica, corresponde uma solução particular

$$\mathbf{q}_j = \mathbf{u}_j \operatorname{sen} \left(\omega_j t + \alpha_j\right) \quad \left[\lambda_j = \omega_j^2\right], \tag{4.36}$$

o vetor de amplitude $\mathbf{u}_j$, satisfazendo ao sistema linear

$$\left(C - \lambda_j A\right)\mathbf{u}_j = \mathbf{0}. \tag{4.37}$$

Como (4.37) é um sistema indeterminado, obtêm-se, de fato, relações entre as componentes dos vetores (por exemplo, as relações u_{j2}/u_{j1}, u_{j3}/u_{j1}, etc.).

Sendo (4.31) um sistema linear de equações diferenciais, qualquer combinação linear de soluções é também solução; por exemplo, a soma

$$\mathbf{q} = \sum_{j=1}^{n} \mathbf{u}_j \operatorname{sen} \left(\omega_j t + \alpha_j\right). \tag{4.38}$$

Demonstra-se que, nas hipóteses que admitimos, a Eq. (4.38) é a solução geral de (4.31) (mesmo que ocorram freqüências múltiplas, isto é, que os ω_j não sejam todos distintos).

Exercício 4.1: Pêndulos emparelhados

Os pontos de suspensão de dois pêndulos simples, idênticos, cada um de peso mg e comprimento L, estão na mesma horizontal.

O ponto de cada pêndulo, situado a uma distância h do ponto de suspensão, é ligado ao ponto correspondente do outro pêndulo por uma mola, de constante elástica K, conforme se vê na figura ($0 < h \le L$). A mola não exerce força quando os pêndulos estão na vertical.

Determinar, em função do tempo, os ângulos φ_1 e φ_2, que definem os pequenos movimentos do sistema, no plano vertical.

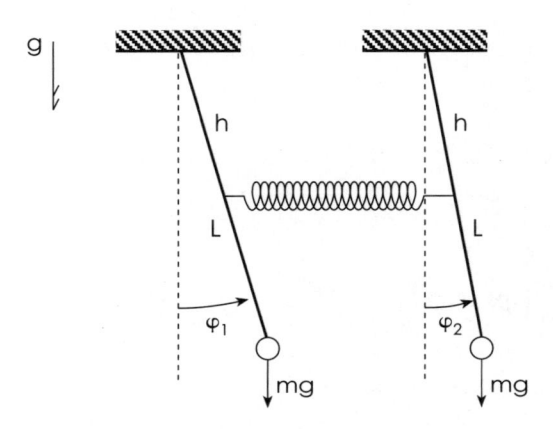

FIGURA 4.7 Pêndulos emparelhados.

Solução

Pode-se admitir que, na energia potencial do sistema (V), os primeiros termos do desenvolvimento em série sejam obtidos de

$$V = -mgL\left(\cos\varphi_1 + \cos\varphi_2\right) + \frac{K}{2}h^2\left|\operatorname{sen}\varphi_2 - \operatorname{sen}\varphi_1\right|^2 + \ldots \approx$$

$$\approx -mgL\left(\cos\varphi_1 + \cos\varphi_2\right) + \frac{K}{2}h^2\left|\varphi_2 - \varphi_1\right|^2 + \ldots$$

(A posição $\varphi_1 = \varphi_2 = 0$ será de equilíbrio estável do sistema e corresponderá a um mínimo da energia potencial.)

Desenvolvendo os co-senos em série de potências e conservando somente os termos quadráticos, obtém-se, uma vez que $\cos\varphi = 1 - (\varphi^2/2) + \ldots$:

$$V \approx -\frac{mgL}{2}\left(-\varphi_1^2 - \varphi_2^2\right) + \frac{K}{2}h^2\left(\varphi_2 - \varphi_1\right)^2 =$$

$$= \frac{1}{2}\left(mgL + Kh^2\right)\left(\varphi_1^2 + \varphi_2^2\right) - \frac{2Kh^2}{2}\left(\varphi_1\varphi_2\right).$$

Por outro lado,

$$T = \frac{mL^2}{2}\left(\dot{\varphi}_1^2 + \dot{\varphi}_2^2\right).$$

Introduzindo a notação

$$a = mL^2; \quad b = Kh^2; \quad c = mgL + Kh^2,$$

temos

$$T = \frac{a}{2}\left(\dot{\varphi}_1^2 + \dot{\varphi}_2^2\right); \quad V = \frac{c}{2}\left(\varphi_1^2 + \varphi_2^2\right) - \frac{2b}{2}\left(\varphi_1\varphi_2\right),$$

resultando para as matrizes A e C:

$$A = \begin{bmatrix} a & 0 \\ 0 & a \end{bmatrix} \quad e \quad C = \begin{bmatrix} c & -b \\ -b & c \end{bmatrix}.$$

A equação característica, det $(C - \lambda A) = 0$, será:

$$\begin{vmatrix} c - \lambda a & -b \\ -b & c - \lambda a \end{vmatrix} = 0,$$

fornecendo

$$\lambda = \frac{c \pm b}{a}.$$

Denotemos por

$$\lambda_1 = \frac{c - b}{a} = \frac{g}{L} \equiv \omega_1^2$$

e

$$\lambda_2 = \frac{c + b}{a} = \frac{mgL + 2Kh^2}{mL^2} \equiv \omega_2^2.$$

Consideremos a primeira das equações $(C - \lambda A)\mathbf{u} = \mathbf{0}$ do sistema indeterminado, que determinará as amplitudes, como segue. A equação correspondente a $\lambda = \lambda_1$, $\mathbf{u} = \mathbf{u}_1$, será

$$\left(c-\lambda_1 a\right)u_{11}-bu_{12}=0 \rightarrow \frac{u_{12}}{u_{11}}=\frac{c-\lambda_1 a}{b}=+1 \rightarrow u_{12}=u_{11}\equiv C_1.$$

A equação correspondente a $\lambda = \lambda_2$, $\mathbf{u} = \mathbf{u}_2$, será

$$\left(c-\lambda_2 a\right)u_{21}-bu_{22}=0 \rightarrow \frac{u_{22}}{u_{21}}=\frac{c-\lambda_2 a}{b}=-1 \rightarrow u_{22}=-u_{21}\equiv -C_2,$$

sendo C_1 e C_2, constantes reais positivas.

Nesse caso, a solução geral será:

$$\mathbf{q}=\mathbf{u}_1 \operatorname{sen}\,\left(\omega_1 t+\alpha_1\right)+\mathbf{u}_2 \operatorname{sen}\,\left(\omega_2 t+\alpha_2\right)=$$
$$=\left(C_1 \mathbf{e}_1+C_2 \mathbf{e}_2\right)\operatorname{sen}\,\left(\omega_1 t+\alpha_1\right)+\left(C_1 \mathbf{e}_1-C_2 \mathbf{e}_2\right)\operatorname{sen}\,\left(\omega_2 t+\alpha_2\right).$$

O vetor $\mathbf{q}$ representa as coordenadas generalizadas (φ_1, φ_2), sendo:

$$\mathbf{q}=\varphi_1 \mathbf{e}_1 + \varphi_2 \mathbf{e}_2.$$

Resulta a solução do sistema:

$$\varphi_1 = C_1 \operatorname{sen}\,\left(\omega_1 t+\alpha_1\right)+C_2 \operatorname{sen}\,\left(\omega_2 t+\alpha_2\right),$$
$$\varphi_2 = C_1 \operatorname{sen}\,\left(\omega_1 t+\alpha_1\right)-C_2 \operatorname{sen}\,\left(\omega_2 t+\alpha_2\right).$$

Exercício 4.2: Preparatório para o Ex. 4.3

Uma barra homogênea, de massa m e extremidades A e B move-se num plano fixo. Mostrar que sua energia cinética é dada por

$$T=\frac{m}{6}\left(v_A^2+v_B^2+\mathbf{v}_A \cdot \mathbf{v}_B\right).$$

Solução

De fato, a energia cinética é

$$T=\frac{1}{2}\left(mv_G^2+J_G\omega^2\right).$$

Sendo G o ponto médio da barra,

$$v_G^2 = \frac{1}{4}\left(\mathbf{v}_A + \mathbf{v}_B\right)^2 = \frac{1}{4}\left(v_A^2 + v_B^2 + 2\mathbf{v}_A \cdot \mathbf{v}_B\right).$$

Entretanto

$$\mathbf{v}_A = \mathbf{v}_B + \boldsymbol{\omega} \wedge (B - A) \rightarrow \left(\mathbf{v}_A - \mathbf{v}_B\right)^2 = \omega^2 |B - A|^2.$$

Chamando de $2L$ o comprimento da barra, resulta

$$4L^2\omega^2 = \left(v_A^2 + v_B^2 - 2\mathbf{v}_A \cdot \mathbf{v}_B\right).$$

Sendo $J_G = 2(m/2)\,(L^2/3) = mL^2/3$, resulta, substituindo-se v_G^2, J_G e ω^2 na expressão de T:

$$T = \frac{m}{6}\left(v_A^2 + v_B^2 + \mathbf{v}_A \cdot \mathbf{v}_B\right).$$

Exercício 4.3

Uma barra homogênea AB, de peso mg e comprimento $2L$, pode se mover num plano vertical, suspensa por duas molas, OA e O_1B, de comprimento natural a, conforme se vê na Fig. 4.8. A constante elástica da mola é $K = mg/2a$.

Quando a barra estiver em equilíbrio na posição horizontal, cada mola, suportando $mg/2$, terá comprimento r, dado por

$$\frac{mg}{2} = K(r - a) \rightarrow r = 2a.$$

Tomar como origem a posição de A no equilíbrio e considerar os eixos x (horizontal) e y (vertical), indicados.

Sejam, numa posição genérica da barra, as coordenadas de suas extremidades: $A(q_2, q_1)$ e $B(2L + q_4, q_3)$.

Considerar o sistema como tendo apenas três graus de liberdade, pois

$$\left(2L + q_4 - q_2\right)^2 + \left(q_3 - q_1\right)^2 = 4\,L^2,$$

de onde decorre

$$4Lq_4 - 4Lq_2 + O\left(q^2\right) = 0,$$

onde $O(q^2)$ indica infinitésimo da ordem de q^2.

Então $q_4 = q_2 + O(q^2)$, e vamos admitir $q_4 = q_2$. O problema consiste em obter, em função do tempo, as coordenadas q_1, q_2 e q_3, que definem a posição da barra, considerando pequenas oscilações próximas do equilíbrio.

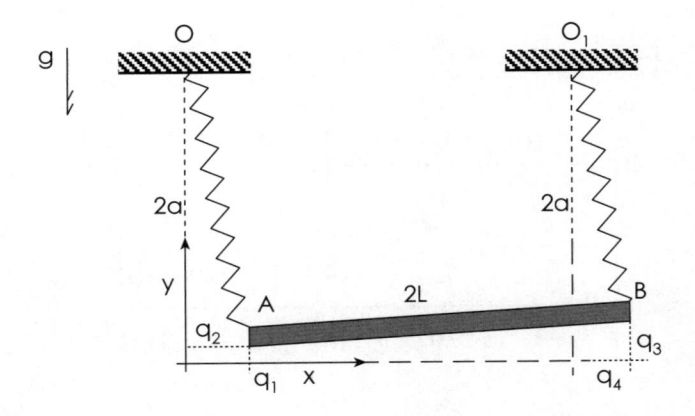

FIGURA 4.8 Barra suspensa por duas molas.

Solução

Tomemos como origem a posição de equilíbrio $(q_1 = q_2 = q_3 = 0)$ quando a barra está na horizontal. A energia potencial devido ao peso da barra é

$$V_{\text{peso}} = \frac{mg\left(q_1 + q_3\right)}{2}.$$

Para obter a energia potencial devido às molas, vamos partir dos comprimentos OA e O_1B:

$$OA = \left[\left(2a - q_1\right)^2 + q_2^2\right]^{1/2} \quad \text{e} \quad O_1B = \left[\left(2a - q_3\right)^2 + q_4^2\right]^{1/2}.$$

A energia potencial total será

$$V = \frac{mg(q_1 + q_3)}{2} + \frac{1}{2}K(OA - a)^2 + \frac{1}{2}K(O_1B - a)^2.$$

Para obter a parte quadrática dessa energia vamos calcular OA e O_1B até os termos da ordem de q^2, usando a série do binômio:

$$(1 + x)^m = 1 + mx + m(m-1)\frac{x^2}{2} + \ldots$$

$$OA = \left(4a^2 - 4aq_1 + q_1^2 + q_2^2\right)^{1/2} =$$

$$= 2a\left(1 - \frac{4aq_1 - q_1^2 - q_2^2}{4a^2}\right)^{1/2} \approx$$

$$\approx 2a\left[1 - \frac{1}{2}\frac{4aq_1 - q_1^2 - q_2^2}{4a^2} - \frac{1}{8}\frac{\left(4aq_1 - q_1^2 - q_2^2\right)^2}{16a^4}\right] \approx$$

$$\approx 2a\left(1 - \frac{q_1}{2a} + \frac{q_2^2}{8a^2}\right).$$

Então

$$OA = 2a - q_1 + \frac{q_2^2}{4a} + O\left(q^3\right).$$

Decorre que

$$(OA - a)^2 \approx \left(a - q_1 + \frac{q_2^2}{4a}\right)^2 = a^2 - 2aq_1 + q_1^2 + \left(\frac{q_2^2}{2}\right) + O\left(q^3\right).$$

A expressão de $(O_1B - a)^2$ é semelhante, bastando substituir q_1 e q_2, respectivamente por q_3 e q_4. Resulta, para V:

$$V = \frac{1}{2} mg\left(q_1 + q_3\right) + \frac{1}{2} K\left[2a^2 - 2a\left(q_1 + q_3\right) + q_1^2 + q_3^2 + \frac{1}{2}\left(q_2^2 + q_4^2\right)\right] +$$

$$+ O\left(q^3\right) = \frac{1}{2} K\left(q_1^2 + q_3^2 + \frac{1}{2} q_2^2 + \frac{1}{2} q_2^2 \right) + O\left(q^3\right),$$

já desconsiderando o termo linear.

Resulta, para a parte quadrática da energia potencial,

$$V = \frac{1}{2} K\left(q_1^2 + q_2^2 + q_3^2 \right) = \frac{1}{2} \mathbf{q}^t C \mathbf{q},$$

em que a matriz de rigidez, C, vale

$$C = \frac{mg}{2a} I_3,$$

sendo que I_3 é a matriz identidade de dimensão (3×3), lembrando que $K = mg/2a$.

Vamos agora calcular a energia cinética usando o resultado do exercício anterior. Temos

$$v_A^2 = \dot{q}_1^2 + \dot{q}_2^2 \quad \text{e} \quad v_B^2 = \left[\frac{d}{dt}\left(2L + q_4\right)\right]^2 + \dot{q}_3^2,$$

que resulta na parte quadrática de v_B^2:

$$v_B^2 = \dot{q}_4^2 + \dot{q}_3^2.$$

Finalmente, a parte quadrática de $\mathbf{v}_A \cdot \mathbf{v}_B$ é igual a

$$\left(\dot{q}_1 \dot{q}_3 + \dot{q}_2 \dot{q}_4\right).$$

Substituindo na expressão de T do exercício anterior obtemos:

$$T = \frac{m}{6}\left[\dot{q}_1^2 + 3\dot{q}_2^2 + \dot{q}_3^2 + \dot{q}_1 \dot{q}_3 + O\left(q^3\right)\right],$$

resultando a parte quadrática de T:

$$T = \frac{1}{2}\dot{\mathbf{q}}^t A \dot{\mathbf{q}},$$

onde a matriz A é

$$A = \frac{m}{3}\begin{bmatrix} 1 & 0 & \frac{1}{2} \\ 0 & 3 & 0 \\ \frac{1}{2} & 0 & 1 \end{bmatrix}.$$

Então

$$\frac{C - \lambda A}{m}\begin{bmatrix} \frac{g}{2a} - \frac{\lambda}{3} & 0 & -\frac{\lambda}{6} \\ 0 & \frac{g}{2a} - \lambda & 0 \\ -\frac{\lambda}{6} & 0 & \frac{g}{2a} - \frac{\lambda}{3} \end{bmatrix}$$

resulta

$$\frac{1}{m}\det\,(C - \lambda A) = \left(\frac{g}{2a} - \lambda\right)\left(\frac{g}{2a} - \frac{\lambda}{2}\right)\left(\frac{g}{2a} - \frac{\lambda}{6}\right).$$

E decorrem as raízes da equação característica:

$$\lambda_1 = \omega_1^2 = \frac{g}{2a}; \quad \lambda_2 = \omega_2^2 = \frac{g}{a}; \quad \lambda_3 = \omega_3^2 = \frac{3g}{a}.$$

Devemos agora achar os autovetores para obter as amplitudes das oscilações. Fazendo, em primeiro lugar, $\lambda = \lambda_1$ e $\omega_1^2 = g/2a$. consideremos a segunda das equações do sistema indeterminado $(C - \lambda_1 A)\mathbf{u} = \mathbf{0}$:

$$\left(\frac{g}{2a} - \lambda_1\right)u_{12} = 0,$$

decorrendo um valor qualquer para u_{12}.

Considerando, agora, a primeira das equações:

$$\left(\frac{g}{2a} - \frac{\lambda_1}{3}\right)u_{11} - \frac{\lambda_1}{6}u_{13} = 0,$$

decorrendo

$$\frac{2u_{11}}{3} = \frac{u_{13}}{6}, \quad \text{ou} \quad u_{13} = 4u_{11}.$$

O autovetor mais simples que satisfaz as condições acima é

$$\mathbf{u}_1 = (0, 1, 0)^t.$$

Fazendo agora $\lambda = \lambda_2$ e $\omega_2^2 = g/a$, consideremos a segunda equação do sistema,

$$\left(\frac{g}{2a} - \lambda_2\right)u_{22} = 0,$$

decorrendo $u_{22} = 0$.

Considerando a primeira equação:

$$\left(\frac{g}{2a} - \frac{\lambda_2}{3}\right)u_{21} - \left(\frac{\lambda_2}{6}\right)u_{23} = 0,$$

decorrendo $u_{23} = u_{21}$.

Adotemos $u_{23} = u_{21} = 1$, decorrendo o segundo autovetor:

$$\mathbf{u}_2 = (1, 0, 1)^t.$$

Para $\lambda = \lambda_3$ e $\omega_3^2 = 3g/2$, a segunda equação fornece $u_{32} = 0$ e a primeira fornece $u_{33} = -u_{31}$. Adotemos $u_{31} = 1$ e $u_{33} = -1$, decorrendo o último autovetor:

$$\mathbf{u}_3 = (1, 0, -1)^t.$$

A solução geral do sistema

$$\mathbf{q} = \sum_{j=1}^{3} \mathbf{u}_j \, \text{sen} \left(\omega_j t + \alpha_j\right)$$

se escreve

$$\left(q_1, q_2, q_3\right)^t = C_1 \, \text{sen} \left(\omega_1 t + \alpha_1\right)(0,1,0)^t + C_2 \, \text{sen} \left(\omega_2 t + \alpha_2\right)(1,0,1)^t +$$
$$+ C_3 \, \text{sen} \left(\omega_3 t + \alpha_3\right)(1,0,-1)^t.$$

Observações

1. Se as condições são tais que apenas um dos C_j é diferente de zero e os outros nulos, diz-se que está sendo *excitado um modo de vibrar*

Admitindo-se $C_1 \neq 0$, só varia a coordenada q_2, com a freqüência fundamental ω_1. A barra se move horizontalmente, para a direita e para a esquerda; e o comprimento das molas se mantém praticamente constante.

Admitindo-se $C_2 \neq 0$, q_2 se mantém nula; q_1 e q_3 são sempre iguais, e as molas se mantêm verticais. As extremidades A e B da barra sobem e descem simultaneamente com freqüência ω_2.

Admitindo-se $C_3 \neq 0$, q_2 se mantém nula; q_1 e q_3 têm sempre valores opostos. As molas se mantêm verticais, mas aqui A e B sobem e descem alternadamente com freqüência ω_3.

2. Se desejássemos apenas obter as freqüências fundamentais bastaria calcular as raízes da equação característica.

A tentativa de se obter a solução geral sem o auxílio dos autovetores conduziria a uma expressão da forma

$$q_1 = K_1 \operatorname{sen}\left(w_1 t + a_1\right) + K_2 \operatorname{sen}\left(\omega_2 t + \alpha_2\right) + K_3 \operatorname{sen}\left(\omega_3 t + \alpha_3\right);$$
$$q_2 = K_1' \operatorname{sen}\left(w_1 t + a_1\right) + \ldots;$$
$$q_3 = K_1'' \operatorname{sen}\left(w_1 t + a_1\right) + \ldots;$$

Tais expressões conteriam um excesso de constantes arbitrárias. A solução por meio dos autovetores forneceu o número de constantes adequado ao problema (seis), tratando-se de um problema com três graus de liberdade.

Exercício 4.4

Os vértices de uma placa retangular, homogênea, de lados a e b, estão apoiados em quatro molas idênticas, de constante elástica K.

Considerando pequenas oscilações da placa, e admitindo os deslocamentos dos quatro vértices aproximadamente verticais, calcular as freqüências naturais do sistema.

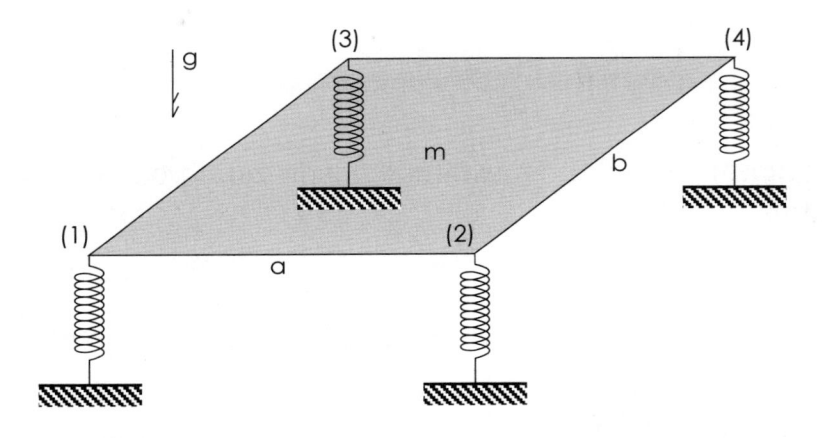

FIGURA 4.9 Placa retangular apoiada por molas nos vértices.

Solução

Na posição horizontal, de equilíbrio da placa, as quatro molas estão igualmente comprimidas, suportando, cada uma, ¼ do peso próprio mg.

Sejam z_1, z_2, z_3 e z_4 as cotas dos vértices, medidas a partir da posição na qual as molas não trabalham, no sentido da vertical ascendente.

A energia cinética da placa é

$$T = \frac{1}{2}\left(mv_G^2 + \omega^t J_G \omega\right) = \frac{1}{2}\left(mv_G^2 + J_x\omega_1^2 + J_y\omega_3^2 + J_z\omega_3^2\right).$$

Chamando de z a cota do baricentro da placa, temos:

$$z = \frac{z_1 + z_4}{2} = \frac{z_2 + z_3}{2} \rightarrow \dot{z} = \frac{\dot{z}_3 + \dot{z}_2}{2}.$$

Por outro lado,

$$\omega_1 \approx \dot{\varphi} \approx \frac{d}{dt}\frac{z_2 - z_1}{a} \rightarrow \omega_1 \approx \frac{\dot{z}_2 - \dot{z}_1}{a}.$$

Analogamente,

$$\omega_2 \approx \dot{\theta} \approx \frac{d}{dt}\frac{z_3 - z_1}{b} \rightarrow \omega_2 \approx \frac{\dot{z}_3 - \dot{z}_1}{b}.$$

Vamos admitir $\omega_3 \approx 0$, pois estamos desprezando os deslocamentos horizontais.

Sendo $J_x = ma^2/12$ e $J_y = ma^2/12$, nesse caso, decorre

$$T \approx \frac{m}{2}\left[\frac{\left(\dot{z}_2 + \dot{z}_3\right)^2}{4} + \frac{\left(\dot{z}_2 - \dot{z}_1\right)^2}{12} + \frac{\left(\dot{z}_3 - \dot{z}_1\right)^2}{12}\right].$$

A energia potencial total é

$$V \approx \frac{K}{2}\left(z_1^2 + z_2^2 + z_3^2 + z_4^2\right) + \frac{mg}{2}\left(z_2 + z_3\right) =$$

$$= \frac{K}{2}\left[z_1^2 + z_2^2 + z_3^2 + \left(z_2 + z_3 - z_1\right)^2\right] + \frac{mg}{2}\left(z_2 + z_3\right) =$$

$$= \frac{K}{2} + \left(2z_1^2 + 2z_2^2 + 2z_3^2 + 2z_2 z_3 - 2z_1 z_2 - 2z_3 z_1\right) + \frac{mg}{2}\left(z_2 + z_3\right).$$

Fazendo

$$z_2 + z_3 \equiv s_1; \quad z_3 - z_1 \equiv s_2 \quad \text{e} \quad z_2 - z_1 \equiv s_3,$$

as energias cinética e potencial serão escritas:

$$T = \frac{m}{2}\left(\frac{\dot{s}_1^2}{4} + \frac{\dot{s}_2^2}{12} + \frac{\dot{s}_3^2}{12}\right),$$

$$V = \frac{K}{2}\left(s_1^2 + s_2^2 + s_3^2\right) + \left(\frac{mg}{2}\right)s_1.$$

Na posição de equilíbrio (s_{10}, s_{20}, s_{30}), teremos

$$\frac{\partial V}{\partial s_i} = 0,$$

para $i = 1, 2, 3$, obtendo

$$s_{10} = -mg, \quad s_{20} = s_{30} = 0.$$

Adotando as coordenadas definitivas

$$q_1 = s_1 - s_{10} = s_1 + \frac{mg}{4K}, \quad q_2 = s_2 \quad e \quad q_3 = s_3,$$

resultam as energias cinética e potencial

$$T = \frac{m}{2}\left(\frac{\dot{q}_1^2}{4} + \frac{\dot{q}_2^2}{12} + \frac{\dot{q}_3^2}{2}\right),$$

$$V = \frac{K}{2}\left(q_1^2 + q_2^2 + q_3^2\right).$$

Seguem-se imediatamente as equações de Lagrange

$$\left(\frac{m}{4}\right)\ddot{q}_1 + Kq_1 = 0 \rightarrow \omega_1^2 = \frac{4K}{m}.$$

E, analogamente,

$$\omega_2^2 = \omega_3^2 = \frac{12K}{m}.$$

Em casos como esse, no qual ocorrem freqüências múltiplas, diz-se que o sistema é *degenerado*.

Observação

Nesse caso, a simples inspeção do aspecto das energias cinética e potencial conduziu à obtenção de coordenadas que desacoplaram o sistema: cada uma das três equações diferenciais do movimento representa um modo de vibrar.

Pode-se demonstrar que, em sistemas lineares (ou linearizados), como esse, sempre existem coordenadas que desacoplam o sistema nos seus modos naturais de vibrar; são as chamadas *coordenadas normais*.

A demonstração dessa propriedade e a obtenção das coordenadas normais, com seu formalismo matemático e operacional, é um problema clássico da Álgebra Linear (ver, por exemplo, a referência [10]).

CAPÍTULO 5

INTRODUÇÃO A VIBRAÇÕES DE SISTEMAS CONTÍNUOS

Nos capítulos anteriores os sistemas vibratórios foram tratados por modelos conhecidos como *sistemas com parâmetros concentrados* (*lumped parameter systems*). Há sistemas, contudo, que admitem soluções analíticas que mais se aproximam da realidade, utilizando uma modelagem um pouco mais complexa. Resultam modelos conhecidos como *sistemas com parâmetros distribuídos*.

Exemplos desses sistemas podem ser extraídos de vibrações de elementos estruturais simples (placas, cascas, vigas, cordas, etc.) ou elementos compostos (painéis estruturais reforçados, comuns em instalações industriais e veículos).

As grandezas fundamentais que intervêm na vibração de sistemas distribuídos, como massa, rigidez ou flexibilidade e amortecimentos, passam a ser funções contínuas de variáveis espaciais. Em problemas unidimensionais, como no caso de vigas simples, essas grandezas serão funções da distância x, medida ao longo da viga.

Já em problemas bidimensionais, como é o caso de vibrações de placas, essas grandezas serão função de duas variáveis espaciais: x e y, por exemplo.

Há diferenças fundamentais no equacionamento do problema de vibração de sistemas contínuos, pois é necessário explicitar as condições de contorno do problema (por exemplo, no caso de vigas, os vínculos de extremidade, engastamento, livre, simplesmente apoiado, etc.), além das condições iniciais.

O resultado do equacionamento de vibrações de sistemas contínuos são equações diferenciais com derivadas parciais nas variáveis de espaço e tempo, ao contrário dos sistemas com parâmetros concentrados, que resultam em equações diferenciais ordinárias em relação ao tempo.

A solução analítica das equações a derivadas parciais dos problemas vibratórios, ainda que na forma linear, apresenta maior grau de complexidade em relação àquelas obtidas para sistemas discretos, o que resulta em reduzido número de soluções completas obtidas até aqui.

5.1 VIBRAÇÕES LIVRES EM UMA CORDA TENSA

Para exemplificar a modelagem de sistemas vibratórios contínuos, vamos considerar a Fig.5.1, em que uma corda tensa, presa nas extremidades, pode vibrar livremente a partir de condições iniciais impostas ao sistema. Pode-se admitir que uma força F_0 é imposta à corda na sua direção (tensão da corda) e permanece a mesma, independente da vibração. Essa hipótese não é verdadeira, já que, ao longo da corda, ocorrem tensões causadas pela vibração; estas, entretanto são de segunda ordem quando comparadas com a tensão predominante, podendo ser desconsideradas nesta abordagem.

Neste modelo, o deslocamento vertical da corda (w) é função do tempo (t) e da variável espacial (x): $w = w(t, x)$. Notar que, nas extremidades, as condições de contorno (CC) do problema impedem o deslocamento da corda, de modo que:

$$w(t, 0) = 0 \quad \text{e} \quad w(t, L) = 0 \tag{5.1}$$

O equacionamento do problema pode ser feito estudando-se o equilíbrio de um elemento de corda de comprimento dx, numa posição genérica ao longo da corda, conforme mostrado na Fig. 5.2.

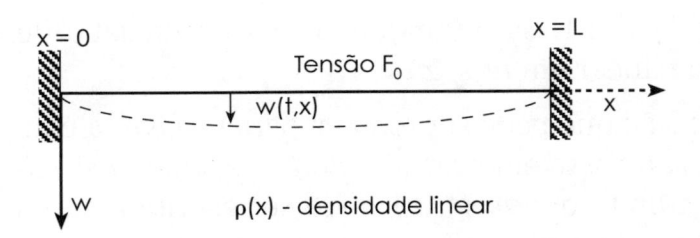

FIGURA 5.1 Vibração livre de uma corda tensa, fixa nas extremidades.

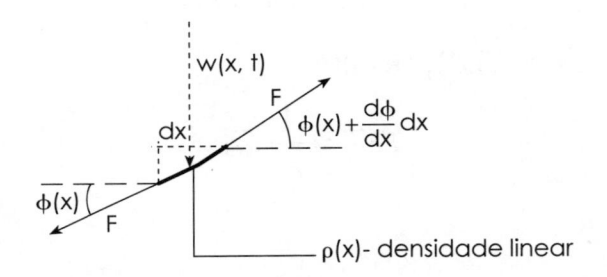

FIGURA 5.2 Equilíbrio de um elemento de corda de comprimento dx.

Fazendo o equilíbrio de forças na direção vertical e partindo de uma posição de equilíbrio em que a corda está esticada horizontalmente, pelo *diagrama de corpo livre*, teremos:

$$F\left(\phi + \frac{\partial \phi}{\partial x}\,dx\right) - F\phi = (\rho dx)\frac{\partial w^2}{\partial t^2}, \tag{5.2}$$

ou

$$F\frac{\partial \phi}{\partial x} = \rho\frac{\partial^2 w}{\partial t^2}.$$

Admitindo vibrações de pequenas amplitudes, os valores do ângulo ϕ serão pequenos e

$$\frac{\partial w}{\partial x} = \tan\phi \approx \phi,$$

resultando

$$\frac{\partial^2 w}{\partial x^2} = \frac{1}{c^2}\frac{\partial^2 w}{\partial t^2}, \tag{5.3}$$

onde $c = (F/\rho)^{1/2}$. Essa é uma equação diferencial a derivadas parciais, do tipo linear em $w(t, x)$.

Uma solução que pode ser tentada para resolver a equação que fornece $w(t, x)$ consiste em usar o *método de separação de variáveis*, em que se admite que $w\ (t, x)$ pode ser escrita como o produto de duas funções, uma dependente apenas de t e a outra dependente apenas da variável de espaço x:

$$w(t,\ x) = X(x) \cdot T(t). \tag{5.4}$$

Substituindo em (5.3), resulta:

$$TX'' = \frac{1}{c^2} \ddot{T}X, \tag{5.5}$$

ou

$$\frac{\ddot{T}}{T} = \frac{c^2 X''}{X} = \lambda,$$

sendo λ uma constante, independente de x ou t.

De (5.5) podemos obter duas equações diferenciais ordinárias para as variáveis $X(x)$ e $T(t)$, que compõem a solução para o problema, ou seja, a expressão para $w(t, x)$, como segue:

$$X''(x) - \frac{\lambda}{c^2} X = 0 \tag{5.6}$$

e

$$\ddot{T}(t) - \lambda T = 0. \tag{5.7}$$

Notar que $'$ representa derivada com relação à variável espacial x nessas expressões.

Dependendo do sinal associado a λ, podemos ter soluções diferentes para as Eqs. (5.6) e (5.7). As soluções que correspondem a vibrações harmônicas exigem que λ seja uma constante negativa.

Fazendo $\lambda = -\omega^2$, teremos:

$$X''(x) + \left(\frac{\omega^2}{c^2}\right) X(x) = 0. \tag{5.8}$$

e

$$\ddot{T}(t) + \omega^2 T(t) = 0. \tag{5.9}$$

De (5.9) resulta:

$$T(t) = A \operatorname{sen} \omega t + B \cos \omega t. \tag{5.10}$$

De (5.8) resulta:

$$X(x) = C \operatorname{sen} x\left(\frac{\omega}{c}\right) + D \cos x\left(\frac{\omega}{c}\right). \tag{5.11}$$

Notar que as constantes A, B, C e D em (5.10) e (5.11) devem resultar das CI e CCs do problema em questão.

A vantagem do método de separação de variáveis é que as funções que compõem a solução podem ser obtidas de forma independente, aplicando-se a elas as condições iniciais e de contorno adequadas.

Assim, pela geometria desse problema, ou seja, para $x = 0$ e $x = L$ (extremidades):

$$w(t,\, 0) = w(t,\, L) = 0. \tag{5.12}$$

Substituindo essas CCs na solução $w(t, x)$, *resulta:*

$$w(L,t) = \left[C \operatorname{sen} L\left(\frac{\omega}{c}\right) + D \cos L\left(\frac{\omega}{c}\right) \right] (A \operatorname{sen} \omega t + B \cos \omega t) = 0,$$

e

$$w(0,t) = D\,(A \operatorname{sen} \omega t + B \cos \omega t) = 0. \tag{5.13}$$

Assim, $D = 0$, da segunda Eq. (5.13); e portanto:

$$C \operatorname{sen} L\left(\frac{\omega}{c}\right) = 0,$$

da primeira Eq. (5.13).

Vale observar que C não pode se anular, já que nesse caso teríamos $C = D = 0$, e a solução do problema resultaria em $w(t, x) = X(x) \cdot T(t) = 0$ para qualquer x e t; ou seja, a solução conhecida como *trivial*.

Portanto devemos ter seno nulo para solução não-trivial, ou seja:

$$\text{sen}\, L\left(\frac{\omega}{c}\right) = 0. \tag{5.14}$$

Verifica-se essa solução para:

$$L\frac{\omega}{c} = n\pi, \tag{5.15}$$

sendo n inteiro e positivo.

Ou seja, as freqüências temporais

$$\omega = \left(\frac{F}{\rho}\right)^{1/2} \frac{n\pi}{L},$$

com $n > 0$, correspondem a infinitas freqüências naturais associadas a esse problema.

A solução passa a ser:

$$w(x,t) = \text{sen}\, x\left(\frac{\omega}{c}\right)(A\,\text{sen}\,\omega t + B\cos\omega t), \tag{5.16}$$

com

$$\omega = c\frac{n\pi}{L} \quad \text{e} \quad n > 0. \tag{5.17}$$

As constantes A e B devem ser determinadas pelas CI do problema.

Se admitirmos que

$$\dot{w}(x,0) = 0,$$

teremos:

$$\dot{w}(x,t) = \text{sen}\, x\left(\frac{\omega}{c}\right)(-B\omega\,\text{sen}\,\omega t + A\omega\cos\omega t) \quad (\text{para } t = 0), \tag{5.18}$$

ou seja, $A = 0$.

Portanto teremos, de (5.16) e (5.17), para $t = 0$:

$$w(x,0) = B \operatorname{sen} x\left(\frac{\omega}{c}\right), \tag{5.19}$$

sendo B uma constante arbitrária não-nula.

Substituindo ω pela expressão (5.17), nota-se que, nessas condições, as funções resultantes em x são dadas por:

$$X(x) = B \operatorname{sen}\left(\frac{x}{L}\right) n\pi, \tag{5.20}$$

com $n = 1, 2, \ldots$

Para $n = 1$, essa função tem a forma de um meio ciclo de uma senóide espacial na variável x que se anula nas extremidades correspondentes a $x = 0$ e $x = L$; ou, em termos da geometria da corda, é representada no primeiro gráfico da Fig. 5.3. Para $n = 2$, a função espacial representa um ciclo completo da senóide (segundo gráfico). E assim por diante; teremos um aumento de meio ciclo para cada novo valor de n.

A solução do problema para velocidades iniciais nulas é dada por:

$$w(x,t) = B_1 \operatorname{sen}\left(\frac{n\pi}{L}\right) x \cdot \cos\left(\frac{n\pi c}{L}\right) t, \tag{5.21}$$

para $n = 1, 2, 3, \ldots$; isto é, todas elas satisfazem individualmente a equação diferencial (5.3) da corda tensa vibrante, com as condições de contorno e iniciais de que estamos tratando.

A corda, nesse caso, irá vibrar com a forma de ciclos de *senóides espaciais* na sua geometria com amplitude espacial definida em cada instante pela função harmônica *temporal co-senoidal* e na freqüência definida por (5.17).

A cada freqüência natural definida por (5.17) irá, portanto, corresponder um modo natural de vibrar, dado pelas funções espaciais (5.20). O primeiro modo natural de vibrar corresponde a $n = 1$, o segundo a $n = 2$, e assim sucessivamente até o infinito.

Costuma-se dizer que os sistemas com parâmetros distribuídos têm infinitos modos de vibrar e infinitas freqüências naturais. Em termos de número de graus de liberdade, apresenta infinitos graus de liberdade se, em comparação aos sistemas com parâmetros concentrados, que têm graus de liberdade em número finito.

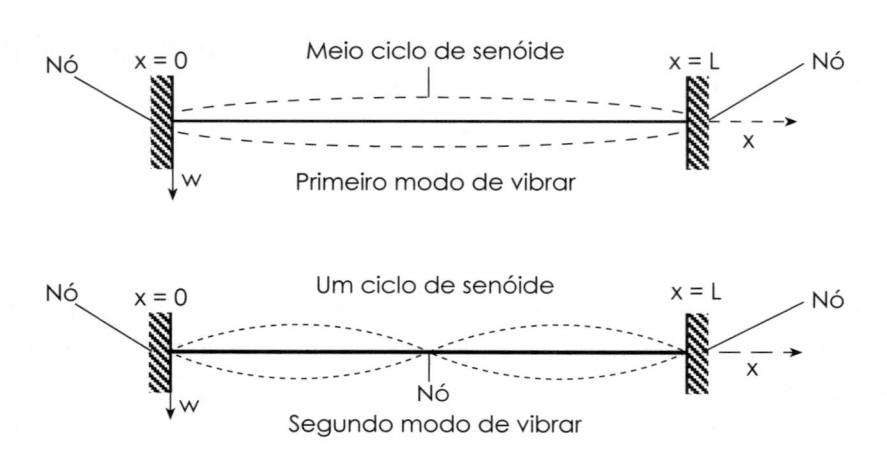

FIGURA 5.3 Modos de vibrar de uma corda tensa, presa nas extremidades.

Observar que as vibrações naturais ocorrem de modo a formar nós, ou seja, pontos sem nenhuma vibração ou deslocamento vertical, ao longo da corda. No segundo modo de vibrar, além das extremidades, o ponto médio da corda permanece fixo em todos os instantes, conforme mostrado no segundo gráfico da Fig. 5.3.

Notar que, se fixarmos um valor de $x = x_P$, isto é, a posição de um ponto P ao longo da corda, o termo

$$B_1 \operatorname{sen}\left(\frac{n\pi}{L}\right)x_P$$

na Eq. (5.16) funcionará como uma amplitude fixa para o restante da função que depende apenas de t e tem um movimento harmônico puro na direção vertical.

Notar também que, no primeiro modo de vibrar, os movimentos de todos os pontos da corda *estão em fase*; isto é, em todos os instantes, os deslocamentos são todos positivos ou todos negativos. Já no segundo modo de vibrar, nos instantes em que os pontos da corda à direita do ponto médio têm deslocamentos positivos, os que ficam à esquerda desse ponto apresentam deslocamentos negativos, ou seja, estão em oposição de fase em relação aos primeiros.

A solução geral para o problema da corda tensa vibrante para as CCs e CI com velocidades iniciais nulas é dada por:

$$w(x,t) = \sum B_n \, \text{sen}\left(\frac{n\pi}{L}\right) x \cdot \cos\left(\frac{n\pi c}{L}\right) t, \qquad (5.22)$$

como decorrência da linearidade da equação diferencial (5.3).

Os termos B_n devem decorrer da imposição inicial de uma forma de deslocamento da corda $g(x)$ para o instante $t = 0$; ou seja:

$$w(x,0) = \sum B_n \, \text{sen}\left(\frac{n\pi}{L}\right) x. \qquad (5.23)$$

Outro aspecto importante a se notar é que as funções correspondentes aos modos de vibrar apresentam a propriedade de ortogonalidade de funções. Isto é, o produto de qualquer função

$$f(x) = \text{sen}\left(\frac{n\pi}{L}\right) x$$

integrada entre 0 e $2L$ se anula, exceto quando o produto for dela por si mesma:

e
$$I = \int_0^{2L} f_i(x) f_j(x) \, dx = 0 \quad (\text{se } i \neq j)$$
$$I = \frac{L}{2} \qquad\qquad\qquad (\text{se } i = j). \qquad (5.24)$$

Desse modo, se multiplicarmos todos os termos da Eq. (5.22) por uma das funções de um dos modos de vibrar – por exemplo, aquela correspondente ao k-ésimo modo de vibrar –, e integrarmos entre 0 e $2L$, teremos:

$$\sum B_n \int f(x) \, \text{sen} \left(\frac{k\pi}{L} \right) x \, dx =$$

$$= \sum B_n \int \text{sen} \left(\frac{n\pi}{L} \right) x \, \text{sen} \left(\frac{k\pi}{L} \right) x \, dx. \qquad (5.25)$$

Resulta, pela propriedade da ortogonalidade:

$$B_k \int f(x) \, \text{sen} \left(\frac{k\pi}{L} \right) x \, dx = B_k \int \text{sen} \left(\frac{n\pi}{L} \right) x \, \text{sen} \left(\frac{k\pi}{L} \right) x \, dx. \quad (5.26)$$

É fácil perceber que os termos B_k nada mais são do que os coeficientes da série Fourier para a função $f(x)$, expandida em termos de funções harmônicas.

As funções que correspondem aos modos naturais de vibrar constituem, portanto, uma base no espaço vetorial de funções, de modo que para qualquer outra condição inicial a vibração que se segue pode ser representada como combinação linear dessas funções ou modos naturais de vibrar.

TRANSFORMADA DE LAPLACE

A *transformada de Laplace* da função f, definida no intervalo $(0, \infty)$, é a função de variável complexa s definida por

$$L\{f(t)\} = F(s) = \int_0^\infty f(t)\, e^{-st} dt, \qquad (AI.1)$$

numa certa região do plano complexo, na qual a integral converge. A região chama-se *região de convergência* da transformada.

Verifica-se, imediatamente, a *propriedade da linearidade*:

$$L\{af(t) + bg(t)\} = aF(s) + bG(s), \qquad (AI.2)$$

sendo a e b constantes.

Procuremos a transformada da função $t^p e^{ct}$, $p > -1$, supondo $s - c$ com parte real positiva e $z = (s - c)t$. Decorre

$$L\{t^p e^{ct}\} = \int_0^\infty t^p e^{ct} e^{-st} dt = \int_0^\infty t^p e^{-(s-c)t} dt = \frac{1}{(s-c)^{p+1}} \int_0^\infty z^p e^{-z} dz.$$

$$(AI.3)$$

COROLÁRIOS

$$1)L\left\{t^p\right\}=\frac{1}{s^{p+1}}\int_0^\infty z^p e^{-z}dz=\frac{p!}{s^{p+1}};$$

$$2)L\left\{e^{ct}\right\}=\frac{1}{(s-c)}\int_0^\infty e^{-z}dz=\frac{1}{s-c};$$

$$3)L\left\{\text{ch}at\right\}=\frac{1}{2}\left[\frac{1}{(s-a)}+\frac{1}{(s+a)}\right]=\frac{s}{s^2-a^2}\quad \text{e}$$

$$L\left\{\text{sh}at\right\}=\frac{1}{2}\left[\frac{1}{(s-a)}-\frac{1}{(s+a)}\right]=\frac{a}{s^2-a^2};$$

$$4)L\left\{\cos at\right\}=\frac{1}{2}\left[\frac{1}{(s-aj)}+\frac{1}{(s+aj)}\right]=\frac{s}{s^2+a^2};$$

$$L\left\{\operatorname{sen}at\right\}=\frac{1}{2j}\left[\frac{1}{(s-aj)}-\frac{1}{(s+aj)}\right]=\frac{a}{s^2+a^2}.$$

(AI.4)

Nota: *ch* e *sh* são, respectivamente, as funções co-seno e seno hiperbólicos.

PROPRIEDADES FUNDAMENTAIS

a) *Deslocamento da função no domínio de t*

Seja $f_+(t)$ a função definida por:

$$f_+(t)=f(0)\quad \text{se } t\leq 0.$$

e

$$f_+(t)=f(t)\quad \text{se } t>0.$$

Procuremos a transformada da função deslocada em t, isto é,

$$f_+(t-a),\quad \text{com } a>0.$$

Temos

$$\int_0^\infty f_+(t-a)e^{-st}dt=\int_0^\infty f(t-a)e^{-st}dt=\int_0^\infty f(x)e^{-s(x+a)}dx,$$

que resulta

$$L\{f_+(t-a)\} = e^{-as}F(s). \tag{AI.5}$$

b) *Deslocamento da função no domínio da transformada*

Pode-se demonstrar a seguinte relação para o domínio da transformada:

$$L\{e^{-at}f(t)\} = F(s-a). \tag{AI.6}$$

c) *Integração da função no domínio de t*

Integrando a expressão (AI.5), em relação a a, de 0 a ∞, temos:

$$L\left\{\int_0^\infty f_+(t-a)\,da\right\} = F(s)\int_0^\infty e^{-as}\,da,$$

ou

$$L\left\{\int_0^\infty f(x)\,dx\right\} = \frac{F(s)}{s}. \tag{AI.7}$$

d) *Derivada da função no domínio de t*

Seja uma função derivável no intervalo $(0, \infty)$, tal que

$$f(t) = \int_0^\infty f\,dt + f_0 \quad \text{para} \quad t > 0 \quad \text{e} \quad f_0 = \lim_{t \Rightarrow 0_+} f(t).$$

Observando que a transformada da constante f_0 é f_0/s, temos:

$$F(s) = \left(\frac{1}{s}\right)L\{f'\} + \frac{f_0}{s}.$$

Portanto

$$L\{f'\} = sF(s) - f_0. \tag{AI.8}$$

A aplicação da expressão (AI.8) para a função $g = f'$ conduz a:

$$L\{f''\} = s^2 F(s) - sf_0 - (f')_{t=0}. \tag{AI.9}$$

A partir de (AI.8) e (AI.9), pode-se facilmente estabelecer uma regra para derivada n-ésima da função $f(t)$. Observar que as condições iniciais que entram nessas expressões são para valores em $t = 0_+$.

e) *Convolução no domínio de t entre duas funções*

A função $y = f*g$, definida no intervalo $(0, \infty)$ por

$$y = \int f(t-a)\, g(a)\, da,$$

se a integral existe para todo $t > 0$, é chamada de *convolução de f com g*. Em teoria de sistemas lineares, ela representa a relação entre a entrada e a saída do sistema, através da resposta impulsiva do sistema.

Multiplicando membro a membro a relação (AI.5) por $g(a)$ e integrando em relação a a entre 0 e ∞, temos:

$$L\left\{ \int_0^\infty f_+(t-a)\, g(a)\, da \right\} = F(s)\int_0^\infty g(a)e^{-as}da,$$

isto é
$$L\left\{ \int_0^\infty f(t-a)\, g(a)\, da \right\} = F(s)G(s).$$

Portanto
$$L\{f*g\} = L\{g*f\} = F(s)G(s). \tag{AI.10}$$

RESOLUÇÃO DE EQUAÇÕES DIFERENCIAIS LINEARES

Dada uma equação diferencial linear com coeficientes constantes
$$ay'' + by' + cy = f(t),$$

podemos achar a transformada da solução particular com condições iniciais (CI)

$$y(0) = y_0 \quad \text{e} \quad y'(0) = y_0'.$$

Tomando as transformadas de ambos os membros da equação e

tendo presente as propriedades da derivada (AI.9) e da linearidade (AI.2), obtemos:

$$a\left[s^2Y(s) - sy_0 - y_0'\right] + b[sY(s) - y_0] + cY(s) = F(s).$$

Portanto

$$Y(s) = \frac{F(s) + ay_0 s + ay_0' + by_0}{as^2 + bs + c}.$$

Essa é a solução da equação diferencial no domínio da transformada. Para se obter a solução no domínio de t (a transformada inversa), geralmente se lança mão de propriedades como as resumidas neste apêndice e de funções tabeladas.

Por outro lado, escrevendo-se $Y(s)$ na forma de

$$Y(s) = F(s)G(s) + H(s),$$

verifica-se que

$$y(t) = g(t)^* f(t) + h(t).$$

Observa-se que a função $g(t)$ que seria a solução da equação diferencial para $f(t) = \delta(t)$ com CI nulas é chamada de *resposta impulsiva* (já mencionada na Sec. 1.3.1). Notar também que a resposta $h(t)$ é a resposta a CI não-nulas e independe da função $f(t)$, *função de excitação* ou de *forçamento* em teoria de sistemas lineares. Reconhecem-se nas duas parcelas da última expressão a solução particular e a solução da homogênea respectivamente.

FUNÇÕES SINGULARES E TRANSFORMADAS

As funções impulsivas e suas derivadas e integrais aparecem com freqüência em sistemas lineares, bem como as suas transformadas.

a) *Função impulso unitário*

A função impulso ou *função delta de Dirac*, $\delta(t)$, acima citada, é definida como uma função de variável real que se anula em todos pontos com exceção de $t = 0$, quando assume valor infinito. A intensidade da função delta é definida pelo valor da sua integral calculada de $-\infty$ a $+\infty$, como segue:

$$\int_{-\infty}^{\infty} \delta(t) = 1.$$

Temos, imediatamente, que:

$$\int_{-\infty}^{\infty} f(t)\delta(t)dt = f(0).$$

A aplicação dessa última expressão na definição da transformada de Laplace permite calcular a transformada da função impulso unitário:

$$L\{\delta(t)\} = \int_{-\infty}^{\infty} \delta(t)e^{-st}dt = 1.$$

b) *Função de Heaviside (degrau unitário)*

Essa função $u_1(t)$ se anula para $t < 0$ e assume valor igual a 1 para $t \geq 0$.

É fácil verificar que:

$$\int_{-\infty}^{t} \delta(\xi)\, d\xi = u_1(t).$$

Usando a propriedade da integral da função, temos:

$$L\{u_1(t)\} = \frac{1}{s}.$$

c) *Função rampa unitária*

A função rampa unitária $u_2(t)$ é definida como a função em t que se anula para $t < 0$ e que é linear com coeficiente angular unitário para $t \geq 0$. Verifica-se facilmente que a rampa unitária é a integral do degrau unitário e, portanto:

$$L\{u_2(t)\} = \frac{1}{s^2}.$$

TABELA AI.1 Transformadas de Laplace	
$f(t)$	**$F(s)$**
$\delta(t)$ – impulso	1
$d\delta(t)/dt$	s
$u_1(t)$ – degrau	$1/s$
$u_2(t)$ – rampa	$1/s^2$
t^n	$n!/s^{n+1}$
e^{-at}	$1/(s+a)$
te^{-at}	$1/(s+a)^2$
$t^n e^{-at}$	$n!/(s+a)^{n+1}$
$\operatorname{sen} \beta t$	$\beta/(s^2+\beta^2)$
$\cos \beta t$	$s/(s^2+\beta^2)$
$\operatorname{sh} \beta t$	$\beta/(s^2-\beta^2)$
$\operatorname{ch} \beta t$	$s/(s^2-\beta^2)$
$e^{-at} \operatorname{sen} \beta t$	$\beta/[(s+a)^2+\beta^2]$
$e^{-at} \cos \beta t$	$(s+a)/[(s+a)^2+\beta^2]$
$t \operatorname{sen} \beta t$	$2\beta s/(s^2+\beta^2)^2$
$t \cos \beta t$	$(s^2-\beta^2)/(s^2+\beta^2)^2$
$te^{-at} \operatorname{sen} \beta t$	$2\beta(s+a)/[(s+a)^2+\beta^2]^2$
$te^{-at} \cos \beta t$	$[(s+a)^2-\beta^2]/[(s+a)^2+\beta^2]^2$
$f(t-T)$	$e^{-Ts} F(s)$

INTRODUÇÃO ÀS EQUAÇÕES DE LAGRANGE

Neste apêndice, fazemos uma abordagem introdutória às equações de Lagrange, que constituem um poderoso ferramental para obtenção dos modelos matemáticos da vibração mecânica. Iniciaremos pelos conceitos de *vínculos*, *graus de liberdade*, *coordenadas generalizadas* e *trabalhos virtuais*, da Mecânica Analítica. As equações de Lagrange são derivadas a partir da aplicação dos Trabalhos Virtuais e Princípio de D'Alembert.

VÍNCULOS

Consideremos um sistema S formado por n pontos materiais, P_i, móvel em relação a um referencial inercial. Vamos supor que esses pontos não estão totalmente livres, mas que existem vínculos, ou restrições, impostos às suas posições ou às suas velocidades.

Assim, se um corpo P, de coordenadas x e y, puder se mover apenas na reta de maior declive de um plano inclinado, cuja equação é, por exemplo, $y = 2x + 3$, o plano se constitui num vínculo, e a equação será uma equação vincular, ou *vínculo*, para a descrição matemática do movimento do corpo.

Relações matemáticas do tipo

$$F(P_i, \dot{P}_i, t) = 0 \qquad \text{(AII.1)}$$

ou

$$F(P_i, t) = F(x_i, y_i, z_i, t) = 0 \tag{AII.2}$$

são chamadas de *vínculos* para os pontos materiais P_i. O vínculo será *cinemático* no caso de (AII.1) e *geométrico* no caso de (AII.2).

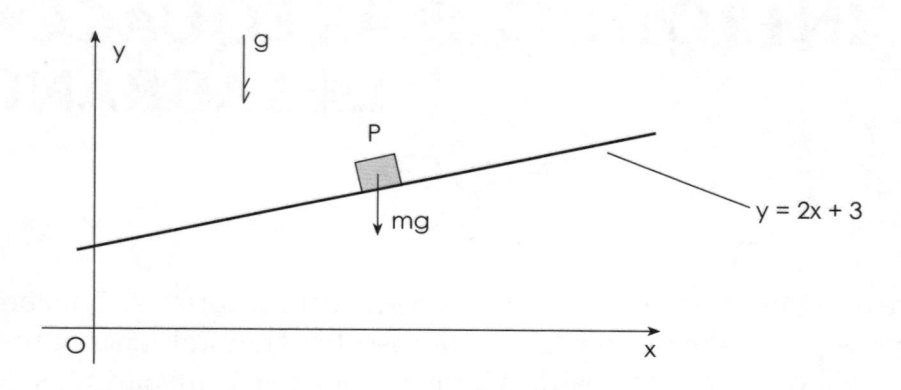

FIGURA AII.1 Corpo em movimento sobre plano inclinado.

Derivando membro a membro, em relação ao tempo, a relação (AII.2), obteremos:

$$\sum_i^N \left\{ \left(\frac{\partial F}{\partial x_i} \right) \dot{x}_i + \left(\frac{\partial F}{\partial y_i} \right) \dot{y}_i + \left(\frac{\partial F}{\partial x_i} \right) \dot{z}_i \right\} + \frac{\partial F}{\partial t} = 0. \tag{AII.3}$$

Notar que (AII.3) é equivalente ao vínculo

$$F(P_i, t) = F(x_i, y_i, z_i, t) = C \text{ (constante arbitrária)}.$$

Por esse motivo, dizemos que (AII.3) representa um vínculo integrável. Os vínculos (AII.1) e (AII.2) são independentes do tempo se $\partial F / \partial t = 0$.

Definem-se como vínculos *holônomos* os geométricos ou os cinemáticos integráveis. Um sistema material S, cujos vínculos são todos holônomos, é chamado de *sistema holônomo*. Se o sistema S tiver algum vínculo não-holônomo, esse sistema será *não-holônomo*.

Exemplo – Vínculo holônomo

Tomemos um disco que rola sem escorregar, num plano, sobre uma reta fixa, sem atrito de rolamento (Fig. AII.2). Nesse caso, a velocidade do centro do disco terá as seguintes equações:

$$\dot{x}_C - \omega(t)R = 0 \quad \text{e} \quad \dot{y} = 0,$$

que são do tipo dado por (AII.3).

Observa-se em seguida que a velocidade de qualquer outro ponto do disco pode ser obtida como a soma da translação do centro mais a rotação em torno deste, obedecendo às relações anteriores.

A velocidade de um ponto Q situado num raio r e formando um ângulo θ_Q com a horizontal será:

$$\dot{x}_Q - \dot{x}_C + \omega(t)r \operatorname{sen} \theta_Q = 0,$$
$$\dot{y}_Q - \omega(t)r \cos\theta_Q = 0.$$

Conclui-se imediatamente que as equações de qualquer ponto do disco obedecem a relações do tipo (AII.3).

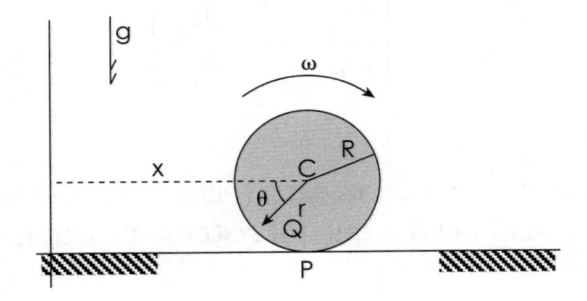

FIGURA AII.2 Exemplo de vínculo holômono.

Se houvesse escorregamento, o vínculo passaria, nesse caso, a ser não-integrável e o sistema a não-holônomo.

COORDENADAS GENERALIZADAS

Suponhamos que os N pontos materiais do sistema S devam satisfazer apenas a p relações vinculares, holônomas, do tipo:

$$f_k(Pi, t) = 0 \quad (k = 1, p).$$

(AII.4)

Suponhamos, além disso, que exista um conjunto de $n = 3N - p$ variáveis independentes $\{q_1, ..., q_n\}$, tais que, satisfeita a Eq. (AII.4), possam ser escritas, para os n pontos P_i, relações do tipo:

$$P_i = P_i(q_j, t) \quad (\text{com } j = 1, n),$$

ou

$$P_i = P_i(\mathbf{q}, t),$$

onde $\mathbf{q} = (q_1, ..., q_n)$, de maneira que a matriz $(3N \times n)$, $\partial P / \partial \mathbf{q}$, a seguir,

$$\frac{\partial P}{\partial \mathbf{q}} = \begin{bmatrix} \dfrac{\partial x_1}{\partial q_1} & \cdots & \dfrac{\partial x_1}{\partial q_n} \\ \dfrac{\partial y_1}{\partial q_1} & \cdots & \dfrac{\partial y_1}{\partial q_n} \\ \vdots & \cdots & \vdots \\ \dfrac{\partial z_n}{\partial q_1} & \cdots & \dfrac{\partial z_n}{\partial q_n} \end{bmatrix},$$

tenha posto n.

Nesse caso, dizemos que as variáveis q_j são *coordenadas generalizadas* para o sistema S e que tal sistema possui n graus de liberdade.

Observação

Se o sistema S não possuísse vínculos, seria $n = 3N$. Os vínculos só poderão diminuir os graus de liberdade do sistema, decorrendo em geral, $n < 3N$.

Tendo a matriz $\partial P/\partial \mathbf{q}$ posto igual a n, o teorema das funções implícitas garante que é possível obter as coordenadas q_j como funções de P_i e de t:

$$q_j = q_j(P_i, t),$$

ficando, assim, perfeitamente definidas.

Exemplo

Seja o sistema constituído pelos dois pontos $P_1(x_1, y_1)$ e $P_2(x_2, y_2)$ de um plano, tais que $|P_2 - P_1| = 2a = \text{cte}$.

Verifica-se facilmente que S pode ser descrito, por exemplo, pelo sistema de três coordenadas generalizadas (x, y, φ), em que (x, y) são as coordenadas do ponto médio de $P_1 P_2$ e $\varphi = \text{ang}\,(Ox, P_1P_2)$.

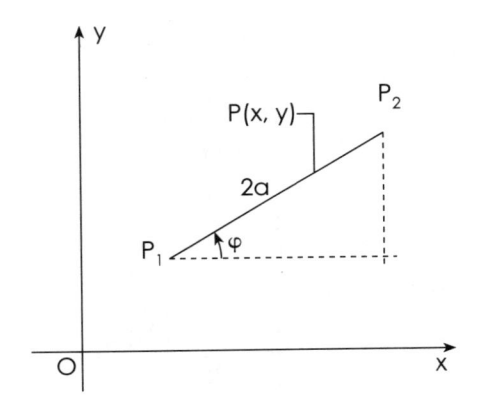

FIGURA AII.3 Coordenadas generalizadas para o exemplo.

DESLOCAMENTOS POSSÍVEIS E VIRTUAIS NO CASO DE SISTEMAS HOLÔNOMOS

Os pontos P_i de um sistema S satisfazem, então, a relações do tipo

$$P_i = P_i(q_1, \ldots, q_n, t).$$

Os vetores velocidade ($\mathbf{v}_i$) dos pontos de S serão expressos por

$$\mathbf{v}_i = \frac{dP_i}{dt} = \sum_{j=1}^{n}\left(\frac{\partial P_i}{\partial q_j}\right)\dot{q}_j + \left(\frac{\partial P_i}{\partial t}\right) = \mathbf{v}_i(q_1,..., q_n, \dot{q}_1,..., \dot{q}_n, t).$$

Nesse contexto das equações de Lagrange – a serem estabeleci-das mais adiante –, a velocidade $\mathbf{v}_i$ será considerada como função das $(2n + 1)$ variáveis independentes $(q_j, \dot{q}_j, t)$.

Chama-se *deslocamento possível* do ponto P_i a diferencial dP_i.

$$dP_i = \sum_{j=1}^{n}\left(\frac{\partial P_i}{\partial q_j}\right)dq_j + \left(\frac{\partial P_i}{\partial t}\right)dt.$$

Define-se como *deslocamento virtual* do ponto P_i, indicado por δP_i:

$$\delta P_i = \sum\left(\frac{\partial P_i}{\partial q_j}\right)dq_j,$$

ou

$$\delta P_i = \sum\left(\frac{\partial P_i}{\partial q_j}\right)\delta q_j, \tag{AII.5}$$

Exemplo

Seja, conforme se vê na Fig. AII.4, um ponto P obrigado a se mover no eixo $O\mathbf{u}$, o qual gira (num plano), em torno do ponto fixo O, de maneira que o ângulo φ varie com a lei $\varphi = \omega t$ (ω = constante).

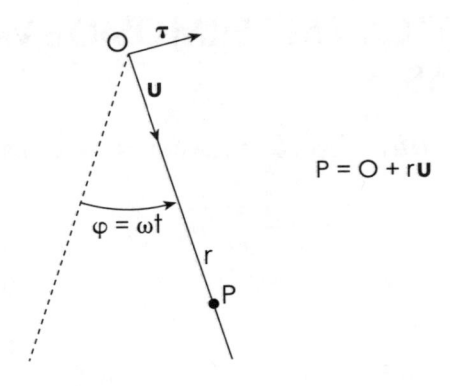

FIGURA AII.4 Vínculo dependente do tempo.

Neste exemplo, temos $P = O + r\mathbf{u}$. Como o versor $\mathbf{u}$ só depende de φ e $\varphi = \omega t$, pode-se escrever $P = P(r, t)$. Trata-se então de um sistema com um grau de liberdade. O deslocamento possível de P será a diferencial

$$dP = dr\ \mathbf{u} + r\ d\mathbf{u}.$$

Como o versor $\mathbf{u}$ gira no plano com velocidade angular ω, sabe-se que sua diferencial $d\mathbf{u}$ é dada por $d\mathbf{u} = d\varphi\boldsymbol{\tau}$, em que $\boldsymbol{\tau}$ é o versor obtido de $\mathbf{u}$ por rotação de 90°. Então

$$dP = dr\ \mathbf{u} + rd\varphi\boldsymbol{\tau} = dr\ \mathbf{u} + r\omega dt\boldsymbol{\tau},$$

resultando, para qualquer deslocamento virtual do ponto P:

$$\delta P = dr\ \mathbf{u},$$

que também se pode escrever

$$\delta P = \delta r\ \mathbf{u}.$$

Este exemplo corresponde ao chamado *vínculo dependente do tempo*.

Admitiremos, daqui para a frente, vínculos independentes do tempo.

ENERGIA CINÉTICA EM TERMOS DE VARIÁVEIS GENERALIZADAS

Define-se como *energia cinética* de S a somatória

$$T = \frac{1}{2} \sum m_i v_i^2.$$

Sendo

$$\mathbf{v}_i = \mathbf{v}_i(q_1, ..., q_n, \dot{q}_1, ..., \dot{q}_n),$$

T será também função dessas $2n$ variáveis independentes:

$$T = T(q_j, \dot{q}_j). \tag{AII.6}$$

TRABALHO VIRTUAL

Define-se *trabalho virtual* do sistema de forças $(\mathbf{F}_i, P_i)$, que atua nos pontos $P_i \in S$, como a somatória

$$\delta \mathcal{T} = \sum_i \mathbf{F}_i \cdot \delta P_i.$$

Definição *Vínculos perfeitos*

Seja $\mathbf{R}_i$ a resultante das forças vinculares que atuam no ponto P_i. O trabalho virtual do sistema de forças vinculares $(\mathbf{R}_i, P_i)$ será, portanto,

$$\sum_i \mathbf{R}_i \cdot \delta P_i.$$

Os vínculos são definidos como *perfeitos* quando

$$\sum_i \mathbf{R}_i \cdot \delta P_i = 0,$$

quaisquer que sejam os deslocamentos virtuais δP_i com eles compatíveis.

Exemplos – Vínculos perfeitos

a) Contato com ausência de atrito

É o caso do ponto que se move sem atrito em uma barra, a qual, por sua vez, gira num plano. Assim,

$$\mathbf{R} \cdot \delta P = 0,$$

já que $\mathbf{R}$ será sempre normal à barra.

b) Disco que rola sem escorregar em um plano, sobre uma reta fixa

Sendo $dP/dt = \mathbf{0}$; $dP = \delta P = \mathbf{0}$ (qualquer que seja a direção da resultante $\mathbf{R}$ no ponto de contato disco-reta), desde que o atrito de rolamento seja desprezado.

EQUAÇÃO DE D'ALEMBERT

Consideremos um sistema com vínculos perfeitos. A segunda lei de Newton, aplicada aos pontos materiais P_i, fornece:

$$m_i \mathbf{a}_i = \mathbf{F}_i + \mathbf{R}_i,$$

sendo $\mathbf{F}_i$ a resultante das forças ativas e $\mathbf{R}_i$ a resultante das forças vinculares que atuam em P_i.

Substituindo, na equação anterior, a expressão da resultante para vínculos perfeitos, teremos

$$\sum_{i=1}^{N} (m_i \mathbf{a}_i - \mathbf{F}_i) \cdot \delta P_i = 0. \qquad (\text{AII.7})$$

Essa é a *equação de D'Alembert*, ou *equação geral da Dinâmica*, para sistemas com vínculos perfeitos.

Para um sistema de n graus de liberdade, demonstra-se que essa equação se transforma no sistema

$$\sum_{i=1}^{N} (m_i \mathbf{a}_i) \cdot \frac{\partial P_i}{\partial q_j} = \sum_{i=1}^{N} \mathbf{F}_i \cdot \frac{\partial P_i}{\partial q_j} = Q_j \quad (\text{com } j = 1, n),$$

definindo-se

$$Q_j = \sum_{i=1}^{n} \mathbf{F}_i \cdot \frac{\partial P_i}{\partial q_j}$$

como *força generalizada* correspondente à coordenada q_j.

Finalmente, depois de algumas transformações, as equações anteriores chegam às n equações de Lagrange:

$$\frac{d\left(\dfrac{\partial T}{\partial \dot{q}_j}\right)}{dt} - \left(\frac{\partial T}{\partial q_j}\right) = Q_j. \tag{AII.8}$$

Antes de apresentar um exemplo completo das equações de Lagrange, vamos ver alguns exemplos de cálculo de forças generalizadas.

Exemplos

a) Coordenadas cartesianas no plano

$$P = O + x\mathbf{i} + y\mathbf{j}, \quad (q_1 = x,\ q_2 = y), \quad \mathbf{F} = F_x\mathbf{i} + F_y\mathbf{j},$$

$$\frac{\partial P}{\partial x} = \mathbf{i}, \quad \frac{\partial P}{\partial y} = \mathbf{j} \rightarrow Q_x = \mathbf{F} \cdot \frac{\partial P}{\partial x} = \mathbf{F} \cdot \mathbf{i} = F_x \quad \text{e} \quad Q_y = F_y.$$

b) Coordenadas polares no plano

$$P = O + r\mathbf{u} \quad \text{e} \quad \mathbf{F} = F_r\mathbf{u} + F_\varphi\boldsymbol{\tau},$$

$$\frac{\partial P}{\partial r} = \mathbf{u} \quad \text{e} \quad \frac{\partial P}{\partial \varphi} = \frac{r\partial \mathbf{u}}{\partial \varphi} = r\boldsymbol{\tau},$$

$$Q_r = \mathbf{F} \cdot \frac{\partial P}{\partial r} = \mathbf{F} \cdot \mathbf{u} = F_r \quad \text{e} \quad Q_\varphi = \mathbf{F} \cdot \frac{\partial P}{\partial \varphi} = \mathbf{F} \cdot r\boldsymbol{\tau} = r\mathbf{F} \cdot \boldsymbol{\tau} = rF_\varphi.$$

CASO DE FORÇAS CONSERVATIVAS

Suponhamos que as forças generalizadas derivem de um potencial (V), isto é, sejam tais que

$$Q_j = -\frac{\partial V}{\partial q_j}.$$

Admitamos que $V = V(q_1, \ldots, q_n,)$ seja uma função das coordenadas generalizadas, com derivadas parciais primeiras contínuas em relação aos q_j. Nesse caso, diz-se que as forças generalizadas são *conservativas*, e a função V é chamada de *energia potencial* do sistema.

Se as forças ativas forem todas conservativas, as equações de Lagrange serão escritas

$$\frac{d\,\dfrac{\partial T}{\partial \dot{q}_j}}{dt} - \frac{\partial T}{\partial q_j} = -\frac{\partial V}{\partial q_j}. \qquad \text{(AII.9)}$$

Definindo-se a *lagrangiana*, ou *função lagrangiana*,

$$L \equiv T - V = L(q_j, \dot{q}_j),$$

resulta

$$\frac{d\,\dfrac{\partial L}{\partial \dot{\mathbf{q}}}}{dt} - \frac{\partial L}{\partial \mathbf{q}} = 0^t. \qquad \text{(AII.10)}$$

Suponhamos que no sistema atuem também forças generalizadas, não-conservativas, do tipo

$$\mathbf{G} = -D\dot{\mathbf{q}},$$

em que D é uma matriz simétrica, semidefinida, positiva. Diz-se que essas forças são *dissipativas*.

A forma quadrática

$$R = \frac{1}{2}\dot{\mathbf{q}}^t D\dot{\mathbf{q}}$$

é, portanto, semidefinida, positiva, e conhecida como *função dissipação de Rayleigh*.

Sendo $\partial R/\partial\dot{\mathbf{q}} = \mathbf{q}'D$, resulta

$$\mathbf{G}^t = \frac{-\partial R}{\partial\dot{\mathbf{q}}}.$$

No caso mais geral, atuarão no sistema: forças conservativas (cuja influência é considerada na lagrangiana L); forças decorrentes da função dissipação de Rayleigh; e outras eventuais forças generalizadas $\mathbf{Q}$ que não sejam do tipo anterior.

A equação de Lagrange assumirá então a forma mais geral

$$\frac{d\,\dfrac{\partial L}{\partial\dot{\mathbf{q}}}}{dt} - \frac{\partial L}{\partial\mathbf{q}} = \mathbf{Q} - \frac{\partial R}{\partial\dot{\mathbf{q}}}. \tag{AII.11}$$

Exemplos – Forças conservativas

a) A força-peso

Denominando de mg o peso de um corpo material e de z_G a cota do seu baricentro em relação a um sistema fixo, a energia potencial devido ao peso será:

$$V = mg\cdot z_G,$$

desde que o eixo Oz esteja orientado pela vertical ascendente.

b) Força elástica

A energia potencial de uma mola linear é proporcional ao quadrado de sua deformação. Chamemos de r o comprimento da mola, que aplica uma força elástica num ponto material P; e seja L o comprimento da mola quando não-deformada. Sabe-se que a energia potencial de P, devido à força elástica, é

$$V = \frac{K}{2}(r - L)^2.$$

Exemplos – Aplicação das equações de Lagrange

a) A barra homogênea AOB, em forma de L, tem massa $3M$ e pode girar em torno de O, movendo-se num plano vertical (Fig AII.5).

Usando a coordenada θ na expressão das energias cinética e potencial, escrever a equação de Lagrange para pequenas oscilações da barra em torno da posição de equilíbrio $\theta = 0$. Admitir que, durante as oscilações, a mola permanece vertical, e desprezar o deslocamento horizontal do ponto A.

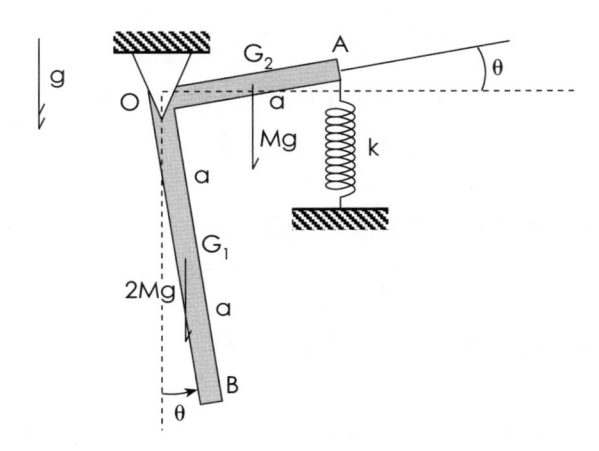

FIGURA AII.5 Equações de Lagrange – exemplo (a).

Solução

A energia cinética da barra é

$$T = \frac{1}{2}J\Omega^2,$$

sendo $J = J_1 + J_2$, e $J_1 = 8Ma^2/3$ e $J_2 = Ma^2/3$ os momentos de inércia, em relação a O, das duas partes da barra; e $\Omega = \dot{\theta}$ é sua velocidade angular. Resulta:

$$T = \left(\frac{1}{2}\right)3Ma\dot{\theta}^2.$$

A energia potencial é

$$V = Mg\frac{a}{2}\operatorname{sen}\theta - 2Mga\cos\theta + \frac{k}{2}\left|r - r_0\right|^2,$$

onde r é o comprimento da mola na posição genérica e r_0 seu comprimento natural, quando não-deformada.

Na posição de equilíbrio, a equação de momentos fornece

$$Fa = \frac{Mga}{2} \rightarrow F = \frac{Mg}{2},$$

sendo F a força da mola sobre a barra.

Sabemos que a força de compressão na mola é

$$F = k\left|r - r_0\right|,$$

onde $|r - r_0| = a(\operatorname{sen}\theta - \operatorname{sen}\theta_0) \approx a(\theta - \theta_0)$. Então a energia potencial total (gravitacional mais a elástica) do sistema é:

$$V = Mg\frac{a}{2}\operatorname{sen}\theta - 2Mga\cos\theta + \frac{k}{2}a^2(\theta - \theta_0)^2.$$

Vamos desenvolver V em série de Taylor nas vizinhanças do ponto $\theta = 0$:

$$V(0) = -2Mga + \frac{1}{2}k(a\theta_0)^2 = \text{constante}.$$

Esse termo não influi nas equações de Lagrange porque, sendo constante, sua derivada se anula, não afetando o termo $\partial V/\partial\theta$.

A derivada $V' = dV/d\theta$ se anula na posição de equilíbrio $\theta = 0$:

$$V' = Mg\frac{a}{2}\cos\theta + Mga\operatorname{sen}\theta + ka^2(\theta - \theta_0)$$

e

$$V'(0) = Mg\frac{a}{2} + Mg\frac{a}{2}ka^2(-\theta_0).$$

A força na mola na posição de equilíbrio é $F = ka\,\theta_0$ e, portanto, $ka\,\theta_0 = Mg/2$. Substituindo na expressão de $V'(0)$ confirma-se que $V'(0) = 0$.

O desenvolvimento de V pode ser colocado na forma:

$$V(\theta) = V(0) + V'(0)\theta + \frac{1}{2}V''(0)\theta^2 + \dots$$

$$V(\theta) = V(0) + \frac{1}{2}V''(0)\theta^2 + \dots$$

Para efeito de *pequenas oscilações* nas vizinhanças do ponto de equilíbrio, vamos considerar apenas o termo quadrático (em θ^2) no desenvolvimento, desprezando os termos de ordem superior:

$$V(\theta) \approx \frac{1}{2}V''(0)\theta^2.$$

A derivada segunda de V será:

$$V'' = -Mg\frac{a}{2}\operatorname{sen}\theta + 2Mga\cos\theta + ka^2,$$

portanto

$$V''(0) = 2Mga + ka^2.$$

Usando agora a expressão da energia cinética, temos:

$$\frac{\partial T}{\partial\dot\theta} = 3Ma^2\dot\theta; \qquad \frac{\partial T}{\partial\theta} = 0; \qquad \frac{\partial V}{\partial\theta} = V''(0)\theta = (2Mga + ka^2)\theta.$$

E decorre a equação diferencial do movimento procurada:

$$3Ma\ddot\theta + (2Mg + ka)\theta = 0.$$

b) Obtenção, por meio das equações de Lagrange, das equações diferenciais do movimento do pêndulo duplo apresentado na Sec. 3.2 (exemplo com dois graus de liberdade).

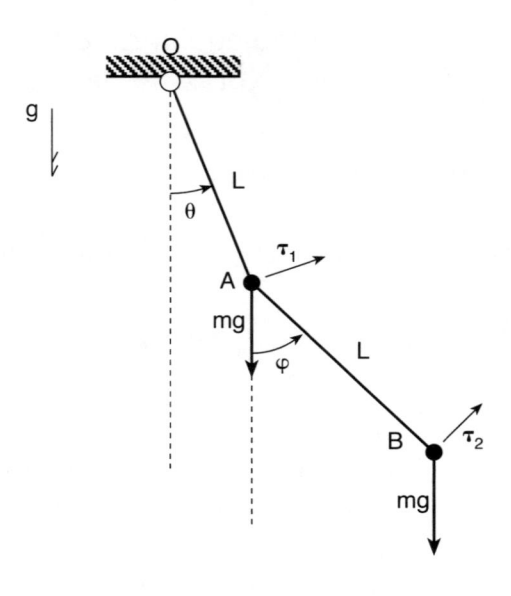

FIGURA AII.6 Equações de Lagrange – exemplo (b).

Sendo $\mathbf{v}_1 = L\dot{\theta}\,\boldsymbol{\tau}_1$ a velocidade vetorial no ponto A, e $\mathbf{v}_2 = \mathbf{v}_1 + L\dot{\varphi}\,\boldsymbol{\tau}_2$ a velocidade vetorial no ponto B, podemos calcular a energia cinética T e a energia potencial V do sistema, conforme segue:

$$T = \frac{1}{2}(mv_1^2 + mv_2^2) \quad \text{e} \quad V = -mg(2L\cos\theta + L\cos\varphi).$$

Mas

$$\mathbf{v}_2 = L(\dot{\theta}\boldsymbol{\tau}_1 + \dot{\varphi}\boldsymbol{\tau}_2),$$

ou

$$\mathbf{v}_2^2 = L^2[\dot{\theta}^2 + \dot{\varphi}^2 + 2\dot{\theta}\dot{\varphi}(\boldsymbol{\tau}_1 \cdot \boldsymbol{\tau}_2)],$$
$$= L^2[\dot{\theta}^2 + \dot{\varphi}^2 + 2\dot{\theta}\dot{\varphi}\cos(\varphi - \theta)].$$

Para pequenos deslocamentos,

$$\cos(\varphi - \theta) = \cos\varphi \cdot \cos\theta + \operatorname{sen}\varphi \cdot \operatorname{sen}\theta$$

pode ser aproximado por

$$\cos(\varphi - \theta) \approx 1 - \frac{\theta^2}{2} - \frac{\varphi^2}{2} + \varphi\theta + O(3),$$

em que $O(3)$ indica termos de ordem superior aos quadráticos. Portanto

$$\mathbf{v}_2^2 \approx L^2(\dot{\theta}^2 + \dot{\varphi}^2 + 2\dot{\theta}\dot{\varphi}),$$

mantendo-se somente os termos quadráticos nas velocidades angulares.

Assim, a energia cinética é aproximada por:

$$T \approx \frac{1}{2}mL^2(2\dot{\theta}^2 + \dot{\varphi}^2 + 2\dot{\theta}\dot{\varphi}).$$

Aplicando as relações para aproximação do co-seno para pequenos deslocamentos angulares e mantendo apenas os termos quadráticos, teremos, para a energia potencial V:

$$V = mgL\left(\theta^2 + \frac{\varphi^2}{2}\right).$$

Aplicando o método de Lagrange, tal como desenvolvido neste apêndice, teremos:

$$\frac{\partial T}{\partial \dot{\theta}} = 2mL^2\dot{\theta} + mL^2\dot{\varphi}; \qquad \frac{\partial T}{\partial \theta} = 0; \qquad \frac{\partial V}{\partial \theta} = 2mgL\theta;$$

$$\frac{\partial T}{\partial \dot{\varphi}} = mL^2\dot{\theta} + mL\dot{\varphi}; \qquad \frac{\partial T}{\partial \varphi} = 0; \qquad \frac{\partial V}{\partial \varphi} = mgL\varphi.$$

Usando Lagrange, teremos, portanto,

$$d\frac{\left(\partial T/\partial\dot\theta\right)}{dt}-\frac{\partial T}{\partial\theta}+\frac{\partial V}{\partial\theta}=0\Rightarrow\ddot\theta+\frac{1}{2}\ddot\varphi+\left(\frac{g}{L}\right)\theta=0;$$

$$d\frac{\left(\partial T/\partial\dot\theta\right)}{dt}-\frac{\partial T}{\partial\varphi}+\frac{\partial V}{\partial\varphi}=0\Rightarrow\ddot\varphi+\ddot\theta+\left(\frac{g}{L}\right)\varphi=0.$$

Essas equações são exatamente as Eqs. (3.25), vistas na Sec. 3.2.

ENVOLTÓRIA DAS CURVAS DE RESPOSTA E DECREMENTO LOGARÍTMICO NO CASO DE VIBRAÇÕES LIVRES, AMORTECIDAS, COM UM GRAU DE LIBERDADE

CASO SUBCRÍTICO

Tomemos a solução da equação diferencial das vibrações livres com amortecimento, dada por (2.33):

$$x(t) = De^{-vt} \, \text{sen} \, (\omega_d t + \phi_0),$$

em que, como vimos,

$$v = \zeta\omega_n, \quad \omega_d = \omega_n[1 - \zeta^2]^{1/2}, \quad \phi_0 = \arctan\frac{A}{B}.$$

Sendo $A = x(0) = 0$, consideremos nula a fase ϕ_0. Os instantes em que o gráfico de $x(t)$ cruza o eixo t serão dados por

$$\text{sen} \, \omega_d t = 0 \rightarrow \omega_d t = 0, \pi, 2\pi, ... n\pi \quad (\text{para } t \geq 0) \quad e \quad n = 1, 2, ...$$

Esses instantes ocorrem, portanto, a intervalos de tempo π/ω_d. O intervalo

$$T = \frac{2\pi}{\omega_d} = \frac{2\pi}{\omega_n}[1 - \zeta^2]^{-1/2}, \tag{AIII.1}$$

é chamado de *pseudoperíodo* da função $x(t)$.

Os pontos de máximo e de mínimo de $x(t)$ serão obtidos igualando-se a zero a derivada da função $x(t)$:

$$De^{-vt}\omega_d \cos \omega_d t - vDe^{-vt}\operatorname{sen} \omega_d t,$$

ou

$$De^{-vt}\omega_n([1-\zeta^2]^{1/2} \cos \omega_d t - \zeta \operatorname{sen} \omega_d t) = 0.$$

Como a exponencial não se anula, os pontos procurados devem ocorrer quando o termo entre parênteses se anular:

$$\tan (\omega_d t) = \frac{[1-\zeta^2]^{1/2}}{\zeta},$$

ou usando a relação trigonométrica

$$\operatorname{sen} \omega_d t = \pm \frac{\tan \omega_d t}{[1+(\tan \omega_d t)^2]^{1/2}} \Rightarrow \operatorname{sen} \omega_d t = \pm[1-\zeta^2]^{1/2}.$$

Se substituirmos em $x(t)$ esse valor de sen $\omega_d t$ e deixarmos t variando na exponencial e^{-vt}, obteremos as duas funções

$$X_e(t) = \pm De^{-vt}[1-\zeta^2]^{1/2}. \qquad \text{(AIII.2)}$$

Trata-se de funções exponenciais chamadas de *envoltórias* da curva de resposta $x(t)$. Seus gráficos passam, respectivamente, pelos máximos e mínimos relativos de $x(t)$, conforme está mostrado na Fig. 2.15, da Seção 2.2.

Verifica-se então que os instantes em que ocorrem os picos são facilmente calculáveis, dado o fator de amortecimento ζ, a partir de

$$\omega_d t = \operatorname{arcsen} [1-\zeta^2]^{1/2}.$$

Por exemplo, para $\zeta = 0{,}2$, o primeiro pico ocorre para $\omega_n t = \omega_d t [1-\zeta]^{1/2} \approx 0{,}889\ \pi/2$. Entre dois picos sucessivos, vale a relação

$$\frac{x_j}{x_{j+1}} = \frac{D[1-\zeta^2]^{1/2}e^{-vtj}}{D[1-\zeta^2]^{1/2}e^{-v(tj+T)}},$$

ou

$$\frac{x_j}{x_{j+1}} = e^{\nu T} = e^{\gamma \pi},$$

fazendo $\gamma = 2\zeta/[1 - \zeta^2]^{1/2}$.

O valor

$$\delta = \ln \frac{x_j}{x_{j+1}} = \gamma \pi \qquad \text{(AIII.3)}$$

chama-se *decremento logarítmico*.

Para pequenos valores do fator de amortecimento (ζ), temos, aproximadamente, $\gamma = 2\zeta$, decorrendo

$$\delta \approx 2\pi\zeta. \qquad \text{(AIII.4)}$$

O decréscimo do valor máximo depois de n ciclos de vibração será representado por

$$\frac{x_0}{x_n} = \frac{x_0}{x_1} \frac{x_1}{x_2} \frac{x_2}{x_3} \cdots \frac{x_{n-1}}{x_n} = \left(\frac{x_j}{x_{j+1}} \right)^n,$$

já que x_j/x_{j+1} é constante para qualquer j. Teremos então:

$$\ln \frac{x_0}{x_n} = n\delta. \qquad \text{(AIII.5)}$$

BIBLIOGRAFIA

[1] ASELTINE, J. A., *Transform Methods in Linear Systems Analysis*, New York, McGraw Hill, 1970.

[2] DEN HARTOG, J. P., *Mechanical Vibrations*, New York, McGraw Hill (4.ª ed.), 1956.

[3] GINSBERG, J. H., *Mechanical and Structural vibrations*, New York, John Wiley, 2001.

[4] HILDEBRAND, F. B., *Methods of Applied Mathematics*, Englewood Cliffs, NJ, Prentice-Hall (2.ª ed.), 1965.

[5] LANCZOS, C., *The VariationalPrinciples of Mechanics*, New York, Dover Pub. (4.ª ed.), 1970.

[6] MARION, J. B., *Classical Dynamics of Particles Systems*, New York, Academic Press, 1965.

[7] MEIROVITCH, L., *Methods of Analytical Dynamics*, New York, McGraw Hill, 1970.

[8] MEIROVITCH, L., *Principles and Techniques of Vibration*, Upper Saddle River, N. Jersey, Prentice-Hall, 1997.

[9] MÜLLER, P. C. e SCHIEHLEN, W. O., *Linear Vibrations*, Dordrecht, Martinus Nijhoff, 1985.

[10] MURDOCH, D. C., *Álgebra Linear*, Rio de Janeiro, Livros Tecnicos e Científicos Editora, 1972.

[11] NEWLAND, D. E., *Mechanical Vibration Analysis & Computation*, New York, John Wiley, 1989.

[12] RAO, S. S., *Mechanical VIbrations*, Reading, Mass., Addison – Wesley, (3.ª ed.), 1995.

[13] ROSEAU, M., *Vibrations des Systèmes Mechanics*, Paris Masson, 1984.

[14] SRINIVASAN, P., *Mechanical Vibration Analysis*, Nova Délhi, Tata McGraw Hill, 1982.

[15] THOMSON, W. T., *Theory of Vibration with Applications,* Englewood Cliffs, NJ, Prentice-Hall, 1972.

[16] VIERCK, R. K., *Vibration Analysis*, New York, Harper & Row, Publ. (2.ª ed.), 1979.

ÍNDICE ALFABÉTICO

(os números referem-se às seções)